U0303533

灵智之

薛晓源　主编

赵序茅　编著

商务印书馆
The Commercial Press
创于1897

2018年 · 北京

图书在版编目(CIP)数据

灵智之犬/赵序茅编著.—北京:商务印书馆,2018
(博物之旅)
ISBN 978 - 7 - 100 - 16446 - 7

Ⅰ.①灵…　Ⅱ.①赵…　Ⅲ.①犬—介绍—世界
Ⅳ.①S829.2

中国版本图书馆 CIP 数据核字(2018)第 173834 号

权利保留,侵权必究。

灵智之犬

赵序茅　编著

商 务 印 书 馆 出 版
(北京王府井大街 36 号　邮政编码 100710)
商 务 印 书 馆 发 行
北 京 新 华 印 刷 有 限 公 司 印 刷
ISBN 978 - 7 - 100 - 16446 - 7

2018 年 9 月第 1 版　　开本 880×1240　1/32
2018 年 9 月北京第 1 次印刷　印张 7½
定价:48.00 元

目录

一

灵

犬

犬之八德

在中国，犬见诸文字记载为时甚早。《殷墟文字类编》收录的象形文字中就有犬的符号，同样的符号也见于《周易》。《诗经》有"无感我帨兮，无使龙也吠"之句，这里的"龙"也就是犬。

犬还有一个通俗的名字——狗，《说文解字》记载："狗，孔子曰：'狗，叩也。叩气吠以守。'从犬句声。"翻译成大白话就是：先民管叩叫"狗"，是以狗所发出如"叩"的声音而命名。那么狗和犬是什么关系呢？《说文解字》又称："犬，狗之有县蹏者也。象形。孔子曰：'视犬之字如画狗也。'"由此可知，犬是狗的象形字。不过，那个时期狗和犬是有所区别的，并不通用。《礼记·曲礼上》记载"效犬者，左牵之"，西汉大儒孔颖达对此解释："狗，犬通名，若分而言之，则大者为犬，小者为狗。"原来在古时候，狗与犬是以大小进行区别的，个体大才叫"犬"，个体小是"狗"。那么为何左手牵犬呢？东汉郑玄注："犬噬啮人，右手当禁备之。"也就是说，狗好咬人，用左手牵着，右手可以防备它咬人。

据清华大学张绪山教授考证，战国时代，狗作为宠物在人们的娱乐生活中已经占据一定地位。《战国策·齐策》记载："临淄甚富而实，其民无不吹竽、鼓瑟、击筑、弹琴、斗鸡、走犬、六博、蹹踘者。"汉代时，以狗为中心的娱乐活动进入皇室范围。西汉开始设立叫作"狗监"的驯狗官，汉武帝建有"犬台宫"，还有"走狗观"。据《三辅黄图》载："犬台宫，在上林苑中，去长安西二十八里。"汉灵帝于"西园弄狗，著进贤冠，带绶"，以致形成"王之左右皆狗而冠"的景象。

狗是人类最早驯化的动物之一，也是与人类关系最为密切的动物之一。从原始社会起，无论游猎，还是农牧，狗都是人类的好帮手。狗，在十二地支中属戌，戌时为夜的开始，古人认为狗守夜，所以主戌。狗是最具有灵性的动物，也是人类最忠实的友伴。不仅中国的十二生肖中有狗，外国的"十二生肖"也能觅见狗的踪迹，印度、越南、墨西哥等国的"十二生肖"，虽然和中国的十二种动物不完全一样，但是都包含狗。

犬吠如豹，戌狗旺财。民间有言，灵犬八德——忠、义、勇、信（勤）、智（猛）、美、善、劳，犬何以有德?

犬之忠，犬是最忠诚的一种动物。犬之忠，人不急；犬之忠，人之需。狗在古代中国是作为人类狩猎的重要伙伴存在的，帮助人类狩猎、运输、看护等等，有时候甚至比人更加忠实、可靠。刘邦有"功狗"论。诸葛亮用"犬马之劳"比喻自己忠心耿耿。

待人归（范曾 绘）

犬之义，犬有灵性，知恩图报。古有黑龙救主（黑龙，犬名也），舍身救主，端的是有情有义。五代贯休在《行路难》中吟而咏之："古人尺布犹可缝，浔阳义犬令人忆。"又有义犬"的尾"于主人华隆被蛇咬伤之后，奔跑回家唤人救主。

犬之勇，临危不惧。三国时小神童张俨赋诗云："守则有威，出则有获。韩卢、宋鹊，书名竹帛。"颂扬了狗的威武勇猛。

数学很好玩（范曾 绘）

犬之信，黄耳传书，带来问候，寄托平安。西晋文学家陆机有一犬名黄耳，他在京城洛阳做官时带走了黄耳，因久无家信，他就作书放入竹筒，系于狗颈，遣狗返家。狗沿驿道奔驰，历尽千辛万苦，终于返回吴县陆家，以竹筒示家人。家人作答书放入竹筒，狗又奔返洛阳。黄耳死后，陆家厚葬之，并立黄耳冢。

犬之智，狗被认为是最聪明的动物之一，有人认为其大约具备两三岁幼儿的智力。经过训练的狗常有惊人之举，警犬屡屡在破案追踪中立功。哈佛大学生物与人类学家布赖恩·海尔等人的研究表明，狗能领会人类的暗示，与人类的沟通能力远远超过人类的近亲黑猩猩。进化并没有磨炼掉狗解决问题的能力，而是训练了它理解人类的能力。奥地利动物学家康拉德·劳伦兹说，狗在两项与智能相关的品质上远远胜过其他野生动物，那就是适应性和好奇心。

犬之美，狗的世界五彩缤纷，东汉许慎在《说文解字》中提到的狗就有獀、龙、狡、獥、㺇、猈、猗、狦、猛、狵、獟、狮、狂、犹等十余种，其中有多毛狗、短腿狗、恶健犬和逐虎犬等形态、性情不同的狗。博物学家布丰在《博物志》中对狗更不吝赞美："狗，不仅具有美丽的外形，又拥有活力、力量和速度，它们拥有值得人类尊重的一切卓越品质。"

犬之善，犬对人类的友善，不胜枚举。20世纪80年代末墨西哥大地震时，成群的猎犬在废墟里嗅寻，人们才能营救出大批幸存者。为此，劫后余生的人们满怀感激之情，在墨西哥城中为狗树起纪念碑。欧洲阿尔卑斯山积雪中冻僵的旅行者，是狗给他们带来生还的希望。

犬之劳，中国历来有让犬看家护院的传统，"狗吠深巷中，鸡鸣桑树颠"。大约1.1万年前，人类在中东开始驯化牧群，狗就是一个好的帮手，可以帮人类看护羊群。探险家跨越南北极地的壮举中，有狗为他们负重运输；在缉私查毒、破案追踪中，警犬的功绩举不胜举……

犬之八德，人之八德，犬之德，正是人之需。

远客来归（范曾 绘）

犬与文化

中国文化中的犬

在中国文化中，犬得到赞誉的同时，也受尽了诽谤。正所谓，"谤满天下，誉满天下。知我春秋，罪我春秋"。一方面它是忠诚、善良和报恩的象征；另一方面，它又是残忍、野蛮和奸诈的化身。人们极尽想象之能事，罗列各种词汇来表达厌恶之情。文化中关于狗的成语和谚语可谓汗牛充栋，几乎都是贬义词，各种史料及工具书中的记载更是不胜枚举。

狗对主人的忠诚可谓家喻户晓。然而，物极必反，由于狗对人类的过度忠诚，也使其背上了摇尾乞怜、卑贱低下的骂名。狗和奴才的职责很相似，都是为自己的主人卖命，以主人安危为己任，所以许多词中，便把狗和人连在了一起，如"狗奴才""狗腿子""狗仗人势"等。狗对人忠诚，可是不用的时候，就会被抛弃。如果对于坏人的忠诚形成一种依附，成为有钱有势者为非作歹的帮凶，就骂其"狗胆包天""蝇营狗苟""行若狗彘"。对爱给人出主意而主意并不高明的人，就称之为"狗头军师"。

中国人讲究气节，孟子言："富贵不能淫，贫贱不能移，威武不能屈，此之谓大丈夫。"而狗对主人过度依赖，显然和孟子的理念不符，在古人的心中成为苟且偷生、趋炎附势的小人形象。于是就出现了许多鄙视、贬损狗的词语，比如"一人得道，鸡犬升天"，"狗仗人势，雪仗风势"。狗虽能仗人势逞威一时，但一旦失去依赖则夹着尾巴灰溜溜的，所以就有了"如丧家之犬"。

狗的习性也是其背负骂名的一个重要原因。狗看家的同时，也会咬人，与孔子所讲"有朋自远方来，不亦说乎"不符。狗除了对自己主人忠诚外，对外人的态度很凶，甚至会咬人，这就给人造成凶恶的印象。狗离开人后，没有独立生存的本领，于是产生了"傈如丧狗"的说法，形容人失意而精神颓丧，语出《史记·孔子世家》："孔子适郑，与弟子相失，孔子独立郭东门……累累若丧家之狗。"

外形上狗和狼比较相近，不仅外表很像狼，血缘上也与狼存在着千丝万缕的联系。狼由于时常危害人畜安全，在中国文化中，也很少得到好脸色。于是，人们把对狼的憎恨转移到狗的身上。作为狗自然"近墨者黑"，和狼并称为"狼心狗肺"。此外，人们认为狗具狼性，狡诈奸猾。旧时一些江湖骗子常假造狗皮的膏药来骗钱，后来"狗皮膏药"就被用来比喻骗人的货色。

还有一些说法和狗的关系不大，仅仅是演绎而已。比如"白衣

静待归棹（范曾 绘）

苍狗"，唐杜甫《可叹》诗："天上浮云如白衣，斯须改变如苍狗。"以"白衣苍狗"比喻世事变化无常。又如"人面狗心"，《晋书·苻朗载记》："朗曰：吏部为谁，非人面而狗心，狗面而人心兄弟者乎？"后以"人面狗心"比喻容貌美好而才学低下的人。

日本文化中的犬

受中国文化影响极大的日本，对狗推崇备至。日语吸收了汉字的精髓，借用了"犬"字而摒弃了"狗"字，故日语中只有"犬"。早在1.2万年前的绳文时代，日本人就开始了驯化和饲养狗，在宫城县前浜贝塚等文化遗址中发现的狗遗骨可以证实。和其他国家一样，日本早期驯化狗的目的主要是狩猎。进入8世纪以后，日本出现了由本民族人编纂的历史、文学以及地方志书籍。在以民间传承为主要内容的《播磨国风土记》"话贺郡"条中记载，应神天皇的猎犬在与野猪的搏斗中死亡。

在日本传统文化中，白犬更有灵性与人性，传说它是人的化身或转世。在日本民俗中，白色被视为神圣、幸运、善良的象征，黑色则意味着污秽、不幸、罪恶，所以白犬往往被赋予一种善的形象。日本的《因果物语》（1661年）中就有一个白犬变成人的故事：临济宗关山派寺长老养了一只白犬，死后托生为其弟子。在日本，人犬互为依存的关系衍生出许多怪诞的传说，比如人犬结婚。传说中阿伊努人的女人是女神的血统，男人是犬的子孙。在日本文化中犬代表忠勇。日本俗信认为，"犬恋人，猫恋家。犬养一日则三年不忘其恩，而猫养三年则一日就忘其恩"，这是对犬之忠诚的赞许。在日本文化中，犬是祥瑞之兆，日本人认为有狗跑上门来是吉兆，野犬在屋檐下产崽意味着家兴，要做红米饭庆祝。日本民间故事《开花爷爷》中讲述：来历神奇的犬利用其神奇的嗅觉寻宝、使枯木复苏、扬善惩恶，同时也是回报养育之恩。扬善惩恶也好，报恩也好，其最为核心的部分是暗示犬能够给好心人带来财富和幸福。

日本武士和狗（佚名 绘）

西方文化中的犬

　　狗是唯一一种在每种人类文化中都存在的家畜，不管是北极荒原还是赤道丛林。在大部分社会中，狗的地位都很特别。西方犬文化同样源远流长，早在公元前2000—前1800年，埃及人就流行养狗之风，那个时期他们已经成功驯化灰猎犬类和獒犬类以及辛巴吉犬。

埃及人给自己的狗取名"黑木""强手""饭锅"之类的名字。如果有狗离世，主人会把自己所有的头发剃光，用哀悼亲人的方式悼念家中的狗。在埃及尼巴蒙陵墓的壁画上，画有一只奶头涨大的母狗，在宴会上坐在尼巴蒙妻子的椅子下面，反映出当时人与狗之间的亲密。

在欧洲，人狗之情可以追溯到三千年前的荷马时代。在《奥德赛》中，奥德修斯被雅典娜装扮成一个老乞丐，人们认不出他，当他走进城门时，门外一只无精打采的老狗立即竖起耳朵，抬起头，准确地认出了主人。那是奥德修斯的狗——阿尔戈斯，它在19年后终于又见到自己的主人，然后倒下死去了。一直以硬汉自诩的奥德修斯眼角泛起泪花。古希腊先哲苏格拉底认为，"良种狗出于本能，对待认识的和熟悉的人很温和，对于陌生人很凶狠"。其弟子柏拉图在《理想国》中认为理想的统治阶级应该如同看门狗，英勇无畏，随时准备战斗，但同时要温柔地对待自己的臣民。苏格拉底的另一位弟子、古希腊历史学者色诺芬在《论狩猎》中详细地论述了应该如何照顾和训练猎犬以及猎犬在打猎中的表现。

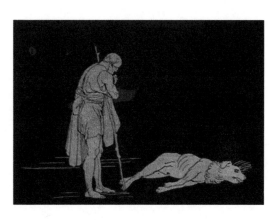

奥德修斯和狗（Alfred 绘）

古罗马人很喜欢狗，但是对待狗的态度，显然没有先人们那样好。他们把寄生虫一样的食客和心怀恶意的人叫canis（犬属），把放肆的年轻人或者自命不凡的人叫puppy（幼犬），bitch（母狗/妓女）则被用来侮辱女性，以至于都失去了狗的概念。

不过总体上狗在西方文化中的形象和地位要比中国好得多，尤其是近代，狗在西方世界被认定为人类最好的朋友。英语谚语Every dog has his day（大家都有走运的一天）；If the old dog barks, he gives the counsel（老狗叫，是忠告）；Love me, love my dog（爱屋及乌）；He is a lucky dog（他是个幸运儿）；A good dog deserves a good bone（有功者受赏）……都是褒义或中性的，将狗作为众生平等的物种来看，对狗的态度也十分人性化。

闻名遐迩的哲学家尼采曾经说过："我给我的痛苦取了一个名字，叫作'狗'。它真的像别的狗一样的忠实、有趣、伶俐，并且缠绕不休和不知羞耻，而我可以对它发脾气，作威作福，就像许多人对待他的狗、他的奴仆和妻子一样。"

英国诗人拜伦也曾用诗句称赞狗——"你有人类的全部美德，却毫无人类的缺陷。"

威廉·尤亚特在其作品《狗》中，开篇便赞扬狗"无私而忠诚的感情，正是这种高贵的动物占据自己合适的地位，履行了上帝分配给的职责时所表现出来的"。

曾经做过美国总统的杜鲁门有句名言："在华盛顿，你若想找个朋友，那就养条狗吧。"

20世纪初西方集市上闲逛的犬（Aldin Cecil 绘）

英国有着一年一度的冠军犬选拔赛。英国人将"英国绅士"的形象打上了国家标签，如果一位英国绅士不牵着一条狗的话，那这个形象就不那么完整了。

在比利时农村，新年起床后的第一件事就是向狗拜年，希望它带来幸福吉祥。

在巴黎，狗堪称特殊阶层，为狗服务的食店、衣店、澡堂、美容院、医院、厕所生意兴隆。巴黎有专业狗兽医数百名，"狗中心协

猎兔犬跟随主人外出打猎（Aldin Cecil 绘）

会"有狗的档案。1899年，巴黎专门为狗建成一座长500米、宽100米的狗坟。狗坟用大理石砌成，上面有编号、狗名、生卒日期，有的有狗塑像、墓志铭等。

在西方文学作品中，狗的形象更是多姿多彩。美国著名作家杰克·伦敦的《野性的呼唤》和《白牙》，俄罗斯作家特罗耶波利斯的名作《白比姆黑耳朵》以及短篇小说集《人狗情》等都堪称"狗文学"的经典之作。奥地利作家卡夫卡的《一只狗的研究》以狗的

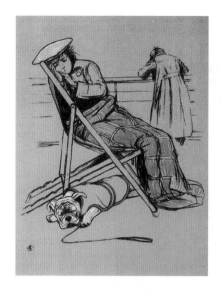

一只宠物狗和主人在午后小憩
（Aldin Cecil 绘）

视角去观察、窥探人类生活和社会本性，非常幽默而又发人深省。英国作家彼得·梅尔的《一只狗的生活意见》里的狗以人类思维来看待人的世界，看待人类的生活。另外，20世纪最伟大的剧作家之一尤金·奥尼尔，在其绝世之作《一只狗的遗嘱》中描述了作家的狗伯莱明，用欢笑和喜乐冲淡了主人的悲伤和痛苦。

狗在西方电影中也是个十分常见的符号。人类需要养一只狗来填补内心的孤独与空虚。电影《红色》正传达了这样一种理念，为我们概括了当代西方世界中最典型的生存状态和人与人之间的关系。而作为可爱形象出现的狗，人们可以在《超级无敌掌门狗》《101只忠狗》和《猫狗大战》等脍炙人口的卡通大片中找到。马克·吐温说过："狗与人不同。一只丧家犬，你把他迎到家里，喂他，喂得他生出一层亮晶晶的新毛，他以后不会咬你。"

犬与礼仪

　　中华民族自古便是礼仪之邦，在早期汉族文化中，犬曾被用作礼仪和祭祀。

　　《周礼》设犬人官职，专司相犬、牵犬以供祭祀。古人认为，狗除了有预兆吉凶灾异的象征作用以外，还有除灾的作用。古人编草为狗，谓之"刍狗"。衣以文绣，陈而祭之，祭祀一结束，就把它丢在大道上任车马践踏。河南洛阳市东周天子墓中，有7只殉葬狩猎犬，其中6只见于马车之下。这些狗是被缚在车上为主人殉葬的。老子说："天地不仁，以万物为刍狗；圣人不仁，以百姓为刍狗。"这里的"刍狗"不同于现代意义上的走狗，而是一种祭坛的贡品。因此老子的意思是——大自然是没有感情的，它对万物都等同祭坛的贡品。

　　汉代设有训管狗的官职"狗监"，是掌管皇帝猎犬的官员。《史记·司马相如列传》有言："蜀人杨得意为狗监，侍上"，可见，狗监的地位还是很高的。而且，值得一提的是，西汉大名鼎鼎的大文豪司马相如就是被狗监杨得意引荐给汉武帝的。汉武帝甚至建有"犬台宫"。

南北朝时期给狗加以封爵，有"狗夫人""郎君"等爵号。到唐代，五场之中有狗坊，是专为皇帝饲养猎犬的官署。

三国吴人沈莹《临海水土志》有"父母死亡，杀犬祭之"的记载。考古发现的狗遗骸便是这种祭祀的见证。在欧洲的历史中，也存在利用狗祭祀的记载。古罗马人每年举行一次祭祀，要在十字架上钉死一只狗，此举是为了纪念罗马与高卢人在卡皮托尔山的战争，以此惩罚当年高卢人攀登卡皮托尔山的时候，狗没有给罗马人报信（当时报信的是鹅）。

在中亚的哈萨克斯坦，人们发现在公元前3600年的遗址中，有狗的骨架被埋在房屋的门口，这可能也是一种祭祀的礼仪。

在墨西哥地区，太吉吉犬（现在吉娃娃的祖先）曾被托尔特克族及阿兹特克族用在宗教祭祀上。在主人死后，此犬能引领主人灵魂，不受地狱邪灵的侵扰，顺利通往永恒极乐世界。

狗在历史上还扮演过外交使者的角色。

《穆天子传》中记载周穆王与西王母交换的物品中就有"良犬"和"守犬"。

《旧唐书·高昌传》记载："唐（高祖）武德七年（麴）文泰又遣使献狗，雌雄各一。高六寸，长尺余。性甚慧，能曳马衔烛。云本生拂菻国。中国有拂菻狗，自此始也。"拂菻国即东罗马帝国（拜占庭帝国），高昌即今之吐鲁番。这种能口衔蜡烛、拖缰绳为舞马引路的小狗即哈巴狗，属马耳他种，由于它小巧而聪明，自唐代以后成为宫廷贵人的喜爱之物。唐代曾不止一次从中亚引入这种宠物。

到了清朝，由于不了解中外文化的差异，李鸿章在出使外国时，闹出了关于狗的笑话。1896年，李鸿章出使俄国并游历欧洲一些国家。到英国时，他已故的"老战友"戈登的家属送给他一只珍贵的宠物狗。据说这只狗

在主人怀中的拂菻狗（绢画出自高昌古城墓地，收藏于新疆维吾尔自治区博物馆。当地人喜欢把这样的绢画贴在木板上，做成屏风，安放在墓室里，象征主人生前使用的屏风类家具。由于新疆气候干燥，这些本该腐烂的绢画便奇迹般保存了下来，反映出最真实的大唐风姿）

在几年前的赛狗会上，还得过"狗王"的称号。出于关心，戈登的家属曾写信问过那只狗的近况，李鸿章在回信中这样写道："唯是老夫耄矣，于饮食不能多进。所赐珍味，欣感得沾奇珍，朵颐有幸。"这句话总的意思就是，狗肉很好吃，只可惜我年纪太大，牙口不好，不能多吃。原来李鸿章把那只狗当成进补佳品，早宰掉吃了。这件事被英国媒体广泛报道，成了轰动一时的"花边新闻"。

时至今日，狗依旧作为外交礼物，被送给各国元首。

俄罗斯总统普京是出了名的爱狗者。2007年1月21日，在俄罗斯索契，俄罗斯总统普京与德国总理默克尔举行会谈后会见记者，普京的宠物犬"科尼"从一旁经过。"科尼"是一条黑色雌性拉布拉多猎犬，从小在犬术训练中心接受侦察、搜救等课程训练。普京时不时带着它出席外交活动。2010年普京访问保加利亚时，保加利亚总理博伊科·鲍里索夫把一只牧羊犬赠送给普京。随后，普京在面向全国征名时，采纳一名五岁男孩的提议为爱犬命名为"巴菲"。

犬与民俗

　　狗在人类早期社会中的地位非常重要。时至今日，关于犬的民俗既包含着古代人们对犬的认知，也反映出东方民族的文化底蕴与历史传承。

　　战国《礼论》说狗是"至阳之畜"，在东方烹狗，可以使阳气勃发，从而蓄养万物。古人讲究阴阳之说，而狗在阴阳五行学说中属金，对应西方，与东方木相克。因此，杀狗有阻挡阴湿疫气，使万物复苏成长之说。《史记·秦本纪》中记载："二年，初伏，以狗御蛊。"什么意思呢？古人认为酷暑有厉鬼作怪，人们需在城中杀狗祭祀并将其分食，方能过关。此俗或源于上古，与后来"狗肉性燥，不宜夏天食用"的观念截然相左。其后，《史记·封禅书》记载："杀白犬以血题门户。"说的是在秦国城池的东、南、西、北四门前杀狗以抵御灾害，用白狗的血涂在门上来祛除不祥。东汉的应劭在《风俗通义》中另有解释：天子所居住的城市一共有十二门，东方的三门是生气之门，为了不使死物在生门出现，所以在另外的九门前杀狗去灾。明朝《本草纲目》记载："乌狗血，又治伤寒热病，发狂见鬼及鬼击病，辟诸邪魅！"由此而知，狗能够去邪免灾，就连明代李时珍也认可狗的这一特殊功能，认为狗能够禳辟邪魅妖术。

在我国古代民间传说中有一种叫作"天狗"的动物，不知为何成为了凶星的称谓。在人们眼中它是凶神恶煞的象征。因此，婚礼之前算命先生选择吉日良辰，不要冲犯了"天狗"。民间相传"月蚀"就是"天狗"吞食月亮造成的。所以在月蚀时，人们都要敲响器救月，据说敲响器的声音大作，就会吓得"天狗"把月亮吐出来。

此外，狗喜欢吠叫，但其吠必有原因，古人以狗吠的时辰来代表吉凶的征兆。如子时狗吠，主妇必吵；丑时狗吠，心烦不眠；寅时狗吠，财神临门；卯时狗吠，前程似锦；辰时狗吠，大事通吉；巳时狗吠，亲人要来；午时狗吠，有人请客；未时狗吠，妻有外心，必遇小人；申时狗吠，小孩有祸；酉时狗吠，加官晋禄；戌时狗吠，提防生是非；亥时狗吠，当心吃官司。如果谁的家里突然来了一只狗，主人就会很高兴地收养它，因它预示财富来临，所谓"猫来穷，狗来富"。狗和主人同甘共苦。如果有什么灾祸来临，它也会预示前兆，比如狗上房是暗示盗贼将至。

江苏一带有"打狗饼"的丧葬风俗，以七枚龙眼和面粉作球，悬系于死者的手腕上。迷信认为，人死后要经过恶狗村，死者的饼用来喂野狗以保顺利通过，故称打狗饼。蒙古族有"射草狗"的仪式，人们将稻草扎成狗形，并用箭射，以消除不祥。

台湾高山族的阿美人有崇奉狗的习俗，他们养狗，但不打狗、不杀狗，更不吃狗肉。不管谁家的狗死了都要掩埋掉，并且在坟上栽一棵树。相传阿美人的祖先在一次上山打猎时被一条大蛇缠住，在这生命危急时刻，他的猎犬扑上去咬住大蛇的脖子，救了主人，自己却被蛇缠死。

在瑶族人的日常生活中，狗也有重要地位。在祭祀盘王的庙宇中，通常供奉着狗形的木雕；在居住的房屋中，瑶族人还会把狗的形象雕刻在门窗上，祈求时刻得到盘王的护佑。除此之外，瑶族民间还有一种奇特的"狗拌腾"舞蹈，也有象征生生不息之意。在日常的穿着上，瑶族人还将狗的形象纹绣于衣、裙、头巾以及腰带的显著部位上，多用醒目的红、白丝线绣成，狗的形象简洁干练，姿态各异。

中国文化对邻国日本影响很大，狗的民俗在日本也多有体现。在日本，狗与怀孕、生育相关的习俗十分盛行。如果用心饲养狗，则家里的女人会怀孕、生子。狗能保护安全生育的习俗可能源于狗生崽顺利这样一个事实。相反，人们认为胞衣或胎盘等若被狗吃了则是不祥之兆，因此有深埋胞衣的习俗。在江户时代开始，日本全国性的习俗是在小孩刚学走路或第一次去参拜神社时，要在小孩的额头上写一个红色的"犬"字，颇似中国在小孩的额头上画一个"王"字（寓意为"虎"）期冀苗壮成长，或送给孩子纸糊的犬玩具以避邪。于狗来说，"吠"具有特殊的意义和价值，也是预示凶吉的主要表现。在日本民俗中，狗的"远吠"即拉长声吠叫很不吉利，意味着以下几种现象：一是火灾或海啸的前兆；二是有流行病发生或有不祥之人来临；三是在吠叫的方向要出现死人，尤其是要有女人或亲人死亡。同时，如果在送葬时有狗吠，则还有人会死。日本民俗认为，狗啃青草则天晴，狗刨土或蜷伏意味着变天或下雨，狗上房预示火灾，狗照镜子或往井里看则意味着老婆与人私通。在日本，梦见狗吠是凶兆，预示要与朋友分手或吵架或有人背后说自己坏话等。日本人不杀狗，认为杀狗会遭报应，狗的尸体不能埋在宅地，否则会死人。而对于猎人来说，狗死后要祭祀，为之超度亡灵。

犬与狩猎、战争

犬以其灵敏的嗅觉，凶猛的厮杀能力，很早就被用于狩猎以及战争中。

周襄王时期，晋灵公夷皋（公元前620—前606年）无道，滥杀无辜，大臣赵盾多次劝谏，使晋灵公讨厌。灵公请赵盾喝酒，事先埋伏下武士，准备杀掉赵盾。赵盾的车右提弥明发现了这个阴谋，找借口扶赵盾走下殿堂。晋灵公唤出一只高大凶猛的狗来咬赵盾。提弥明徒手上前搏斗，打死了猛犬。两人与埋伏的武士边打边退，提弥明战死。在这个政治事件中，狗的忠诚被暴虐的君主所利用，扮演的是"助纣为虐"的角色。《史记·越王勾践世家》记载："范蠡遂去，自齐遗大夫种书曰：'飞鸟尽，良弓藏；狡兔死，走狗烹。'"后以"烹狗藏弓"比喻事成之后把效劳出力的人抛弃甚至杀害。

犬用于狩猎，可见于《诗经·小雅·巧言》篇："跃跃毚兔，遇犬获之。"用现代的话说就是，兔子虽然狡猾，一旦遇犬便会被逮住。

春秋战国时期，产生了名犬"韩卢宋鹊"指韩国的名犬"卢"和宋国的名犬"鹊"，后泛指中国本土的良犬。《史记·赵世家》记有"代马胡犬不东下，昆山之玉不出"的句子。"昆山之玉"即为昆仑山下出产的软玉，而胡犬则是产自中亚或西亚的一个狗的品种。在当时代马、胡犬、昆山之玉，都是宝物。

从犬被驯化，到周秦之际，当时繁荣的狩猎经济给了它们大展身手的极大空间。在这长达数千年的时期中，猎犬伴随主人捕捉猎物，帮助主人获得食物，是它们对人类而言最大的价值所在。《吕氏春秋·不苟论》载："君有好猎者，旷日持久而不得兽，入则愧其家室。出则愧其知友州里。惟其所以不得之故，则狗恶也。欲得良狗，

元代武士架犬狩猎图（作者不详）

则家贫无以。于是还疾耕。疾耕则家富，家富则有以求良狗，狗良则数得兽矣，田猎之获常过人矣。"既然是猎犬，自然能捕捉多种猎物。在狗的众多猎物中，老鼠算是比较奇特的一种。四川三台县的汉代崖墓中就有狗捉老鼠的画像，画像中，一只狗正得意地叼着一只老鼠，老鼠的尾巴在狗嘴外垂着。我们用"狗拿耗子"来指代多管闲事的看法，在当时可正是狗的本职工作。

在古代，打猎不仅仅是一种休闲娱乐的运动，也是一种保家卫国的行动。对很多少数民族而言，狩猎能锻炼人的意志和品质，更能让他们时刻记住自己的生存之术。狗在和平年代用于狩猎，战争年代则走向战场。战争中使用猎犬的历史，可以上溯到早期社会氏族部落之争的时期。古代神话传说称，高辛氏（帝喾）平定戎国作乱，就曾派遣五色狗名盘瓠者，深入敌人内部，咬死戎王，衔其首而归。相传夏代太康失国，少康中兴，恢复夏祚，就有赖于猎犬之助。

上古时期，多是传说。狗真正用于实战，始于战国。战国时期的墨翟，曾用狗来进行城池防御：敌人在城外挖地道，他命人在城内遍挖土井，每个井口均派嗅觉听觉灵敏的狗来参与执勤，以"审知穴之所在，凿穴内迎之"；如果地道相通，就让狗"来往其中"巡逻，"狗吠即有人也"。

我国唐代的将领守卫城池，为防止敌人夜间偷袭，"每三十步悬大灯于城半腹，置警犬于城上"。"凡行军下营，四面设犬铺，以犬守之。敌来则犬吠，使营中知所警备"。在狗的功能的开发利用上，我国同样拥有辉煌的历史。

五代时，"契丹兵围晋将张敬达，四面有犬掩伏，晋军有夜出者，犬鸣极警，终无突围者，为契丹所败，晋将张敬达被杀"。这里犬用于军队中，进行警戒。

由此，星象上的"天狗星"也被认为与兵事、征伐等有关。此外，汉字中狡、猾、犯、狠、猛、猜等与暴力、心计、攻击等有关的字都归入"犬"部，也就比较容易理解了。

犬在战场的应用，东西方可谓异曲同工。西方将凶猛的獒犬训练成战獒，被近东地区的人们、古希腊人、古罗马人和高卢人用来撕咬步兵。在佩奥尼亚人和培林西亚人的战争中，古代希腊史学家希罗多德曾经描述：双方相互挑战，进行三种斗争，人对人，马对马，狗对狗。对抗希腊的薛西斯远征军带领大批印度犬出发，这一品种十分凶猛，以至于被认为是老虎的后代。公元前55年恺撒大帝入侵不列颠时，受到了与主人并肩作战的獒犬抵抗，后来古罗马人经常进口这种狗，用在竞技场角斗。

16世纪，西班牙人为对付强大的法国骑兵，将身披甲胄的军犬埋伏起来，待法军骑兵接近时，便放出群犬，围攻法国骑兵，将其队形冲垮。

第一次世界大战期间，德、法、英等国用于战争的军犬达数万只以上。20世纪30年代，希特勒曾下令在汉诺威市附近建立一所专门培训狗的部队，让它们通过不同的吠声传递情报。第二次世界大战期间，同盟国和轴心国用于战争的军犬多达25万只。这些身怀绝技的动物救出了69万人次的负伤官兵，以血肉之躯除掉了703座城镇的地雷。1942年7月，在斯大林格勒保卫战中，朱可夫用军警犬学校提供的500只携弹犬，组成了4个反坦克军犬连。面对德军坦克进攻，苏军命携弹犬带上炸药奔向德军坦克，与其同归于尽，德军300多辆坦克被携弹犬炸毁，约占德军被毁坦克总数的三分之一。"二战"中的美军也使用了大量军犬，在太平洋战场和欧洲战场都发挥了重要作用。

　　远去了刀光剑影，暗淡了鼓角峥嵘，经过特殊训练的犬在和平年代大放异彩，执行搜救工作。19世纪晚期，狗首次被用于完成警务，到1910年，世界各地许多警察局都有警犬。2003年在阿尔及利亚发生强烈地震后，地震废墟上出现德国牧羊犬的身影。在中国救援队的三只犬中，一只名为"超强"的德国牧羊犬克服了异地人体气味不同的困难，在进入废墟工作的第三分钟就成功地发现了废墟下的人。

二　犬的起源

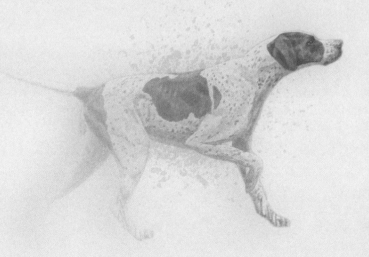

很久以前，人类还在遥远的非洲，不曾远离。广袤的北半球还没有人类的足迹，狼是那里的主人，它们的足迹遍布森林、草原、高山、峡谷、丘陵和荒漠。随着智人的出现，人类的祖先开始向全球扩张，至少在四万年前人与狼相遇了。人类的出现，开始打破这古老的平衡。早期的人类与狼相伴，狼威胁人类，人类憎恨狼，同时也敬畏狼。在长期的较量中，人类发现一部分狼是可以和平相处的，它们会尾随人类，捡食一些剩下的食物。于是，人类故意施以恩惠，留住它，改造它。大约在一万年前，人类驯化出了狗，这无疑是人类史前文明的一大杰作，狗源于狼，却忠于人。狗的驯化成功大大提高了人类从自然界获取生存资料的能力。狗为原始社会所做的贡献，可以通过居住在安达曼群岛上的一个原始部落翁吉人的情况来说明。翁吉人1857年才开始养狗，原来的食物以鱼和贝类为主。狗的出现让他们可以捕猎野猪。在一个布希曼人的社区有7名猎人，其中75%的肉食是由一群经过训练的猎犬和猎手获取的。

人与狼之间的对峙演变成人、狼、狗的格局，人狗之间形成牢不可破的联盟。狼从原始的荒野走向文明家园，经历了一个漫长的过程。后来，人类结束了原始采集社会，经历了农业社会，进入工业社会，人类强大到不可一世，狼再也无法威胁到人类，它们被赶出原有的生存空间。而狗随着人类进入太平盛世，被驯化出各种各样的种类，以满足人类多样的需求，它们获得了生的权利，却失去了自由和野性。狼孤独地守候在人类不可触及的角落，再也不会被驯化。屠格涅夫说："无论你如何对待狼，它的心始终向着森林。"

从犬的地理分布、生活习性、形态结构、遗传特性及交配繁殖等种种迹象表明，犬可能是由不同地方的狼演变而来，这也是目前大家普遍接受的说法。通过比较解剖证实：犬与狼以及豺的形态结构十分相似，它们的头骨结构、骨骼数目及牙齿数目极其相似，几乎很难说出它们之间的差别。再看遗传上的差异，犬与狼之间都可以杂交并生育有正常繁育能力的后代。如今犬的品种已经达到300—400余种，分布在全球各地。但是究竟犬是如何被驯化而来，第一只犬来自何方？

狼、人、犬

文化中的狼

狼为何物？中国的先民们早有认识。"狼"在中国人传统心理中，是一种凶狠残暴的动物，然而在早期，狼是作为正面形象出现的。

甲骨文的"狼"字写作"𤜶"。从字形结构分析：狼似犬，因此右边以"犬"为形，左边是"良"字，表示好猎犬。造字本义：最好的猎狗，即高大威猛的猎犬。小篆的"狼"字承接甲骨文，字形结构调整后，已演变成为会意兼形声字。另据《说文解字》记载："狼，似犬，锐头。白颊，高前广后。从犬，良声。"这里详细地描述了狼的长相，狼，形似犬，尖锐的头，白色的

甲骨文　　小篆　　楷体

颊，高耸的前部，开阔的后部。字形采用"犬"作边旁，"良"是声旁。由此，可见，先民造字之初，对于狼没有恶意，相反，反而称赞其"良"。

《国风·豳风》有狼的记载：

> 狼跋其胡，载疐其尾。
>
> 公孙硕肤，赤舄几几。
>
> 狼疐其尾，载跋其胡。
>
> 公孙硕肤，德音不瑕？

从《毛诗序》到清代学者，大多认定此诗所说的"公孙"即"周公"。诗以"狼"之"进退有难"，喻周公摄政"虽遭毁谤，然所以处之不失其常"。将狼和周公放在一起，足见狼非恶兽。

《太公六韬》曰："大人之兵，如狼如虎，如雨如风，如雷如电，天下尽惊，然后乃成。"这里用狼和虎来形容姜子牙用兵如神。《周礼·天官·兽人》中有"冬献狼"的记载。其后《国语》曰："周穆王将征犬戎，祭公谋父谏，不听。遂征之，得四白狼、四白鹿以归。自是荒服者不至。"这里周穆王将白狼和白鹿作为战利品。

到了汉朝，《汉书》记载："江都王建，宫人有过者，或放狼令啮杀之，建观而大笑为乐。"这里狼的性质开始发生变化，成为奸人的帮凶。三国时期陆玑《毛诗草木鸟兽虫鱼疏》曰："狼能为小儿啼声以诱人，去数十步止。其猛健者人不能制，虽善用兵者，其不能克也。

其膏可以煎和，其皮可以为裘。"此处记载了狼"狡诈、凶猛"的一面。

其后，在唐代诗人的笔下，狼成了野蛮凶残的象征，如：

李白《蜀道难》：所守或匪亲，化为狼与豺。

高适《登百丈峰》：豺狼塞瀍洛，胡羯争乾坤。

杜甫《释闷》：豺狼塞路人断绝，烽火照夜尸纵横。

李商隐《韩碑》：淮西有贼五十载，封狼生貙貙生罴。

杜牧《郡斋独酌》：太守政如水，长官贪似狼。

到了明朝，流行小说。明代马中锡的《中山狼传》讲述东郭先生和狼的故事，把狼彻底丑化成"恩将仇报、狡诈、凶险、贪婪"的形象，并警告世人，不可怜悯狼一样的恶人。而"中山狼"成为忘恩负义的代名词。清朝蒲松龄笔下的狼，更是贪婪而狡黠。至此，狼被彻底钉在文化的耻辱柱上，不得翻身。

然而，与汉民族对待狼的态度截然不同，我国境内的几大草原民族对狼推崇备至，将狼尊为祖先，信奉狼图腾。按说，狼对于草原民族的危害，远远大于汉族，可他们却一致推崇狼，可能是由畏而敬吧。草原民族飘游不定，先民们对狼群感到深深的恐惧，同时又羡慕和钦佩狼的勇猛无畏、坚韧耐劳的表现和集体协作精神。古代北方对中国历史影响最大的先后有匈奴、突厥、蒙古三大少数民族。这三大民族同兴起于大漠，统属阿尔泰语系民族，在历史上经常发生联系，所以在民族构成和文化结构方面有着不少联系和相似的地方，狼是这些民族的图腾，同时也是这些民族勇猛、强悍的精神象征。

匈奴号称是狼的传人，《魏书·高车传》中，记载的是匈奴女与公狼结为夫妻，形成了后来的匈奴部落。

匈奴单于生二女，姿容甚美。国人皆以为神。单于曰："吾有此女，安可配人？将以与天。"乃于国北无人之地筑高台，置二女其上，曰："请天自迎之。"经三年，其母欲迎之，单于曰："不可，未彻之间耳。"复一年，乃有一老狼昼夜守台嘷呼，因穿台下为空穴，经时不去。其小女曰："吾父处我于此，欲以与天。而今狼来，或是神物，天使之然。"将下就之。其姐大惊，曰："此是畜生，无乃辱父母也！"妹不从，下为狼妻而产子，后遂滋繁成国。

另外，考古发现也佐证了狼在匈奴人中的地位。在中国的内蒙古、宁夏、陕西北部、山西北部等地，发现了很多匈奴人遗址和墓葬，出土了大量的带有动物纹的器物，大多为大型哺乳动物，以虎、狼居多，所属年代相当于中国的春秋战国时期和汉代。其中，内蒙古乌兰察布市凉城县毛庆沟匈奴墓出土的有狼头形青铜饰件，耳竖立，口微张，双眼平视，颈成鬃，具有明显的狼的形态特征。

汉朝之后，匈奴没落。隋唐时，突厥族是北方最强大的少数民族。突厥族，也有狼图腾的记载，见《周书·突厥传》：

突厥者，盖匈奴之别种，姓阿史那氏，别为部落。后为部国所破，尽灭其族。有一儿，年且十岁，兵人见其小，不忍杀之，乃刖其足，弃草泽中。有牝狼以肉饲之。及长，与狼合，遂有孕焉。彼王闻此儿尚在，重遣杀之。使者见狼在侧，并欲杀狼，狼遂逃于高昌国之北山。山有洞穴，穴内有平壤茂草，周围数百里，四面俱山。狼匿其中，遂生十男。十男长大，外托妻孕，其后各有一姓，阿史那即一也。

这则神话记载的是突厥人的祖先与狼结合后，生下十男，十男长大后，各娶妻生子，逐渐发展壮大起来。这一传说中，狼是以人的救命恩人的面目出现，最后与人合为一体。

蒙古先民与突厥先民一样拥有共同的祖先和共同的文化根基，也以狼为图腾。蒙古人曾以狼为图腾加以崇拜的痕迹也见于文献和民俗中。如《元朝秘史》：

当初元朝人的祖，是天生一个苍色的狼，与一个惨白色的鹿相配，同渡过腾吉思名字的水，来到于斡难名字的河源头，不儿罕名字的山前住着，产了一个人，名字唤作巴塔赤罕……

这则神话记载的是蒙古人的先祖，即苍狼，与白鹿相配，生下了蒙古族的祖先巴塔赤罕，从此，这些苍狼的后代们生生不息、日益强盛。

另外，其他记载也有关于狼的传说。如《唐书》：

> 薛延陀部落，常有一客乞食于主人者，主人引与入帐，命妻具馔。其妻顾视客，乃狼头人也。主人不知觉。妻告邻人共视之，狼头人已食主人而去。相与逐之，至郁督军，出见二人，追者告其故，二人曰："我是也。我即神人，薛延陀当灭，我来取之。"趾者惧而返走。

《宋书》：

> 王仲德初遇符氏之败，兄睿同起义兵，与慕容垂战。败，仲德被重创走，与家属相失。路经大泽，困未能去。卧林中，有一小儿，青衣，年可七八岁，骑牛行，见仲德，惊曰："已食未？"仲德言饥，小儿去，须臾复来，得饭与之。食毕欲行，而暴雨，莫知津逮。有一白狼至前，仰天而号。号讫，衔仲德衣，因渡水，仲德随后得济，与睿相见。

近代，随着狼孩的报道，人与狼之间的关系，得到更多的关注。著名瑞典生物学家林奈在生物分类学的著作中就记载了1344年在德国黑森林发现的被狼哺育长大的小孩。1920年在印度加尔各答附近的狼窝里发现了两个女狼孩儿，此事还曾轰动一时。[1] 人们一直无法理解那些哺育人类幼子的母狼，是什么样的动力促使它们付出自己的母爱。早在中国汉代，就有狼哺乳弃婴的记载，参见《史记·大宛传》："乌孙王昆莫，初生，弃于野，狼往乳之。"

生物学中的狼

想象也好，图腾也罢，狼的文化属性与其生物学本性密不可分。

狼在分类上属食肉目犬科，适应性很强，分布广泛，与人类关系极为密切。据《中国动物志·兽纲》记载："狼是犬科动物中体型最大的一种，外形似狼犬，但嘴稍宽，吻略尖，耳直立，尾不上卷。狼成群或结对生活，也有单独孤栖生活的。群狼一般不超过20只。记录到最大狼群35只。狼的嗅觉、视觉和听觉都很敏锐，嗅觉在猎捕取食时很重要。狼的活动范围很大，体瘦腿长，善于奔跑，一般行进速度每小时5—7公里，每天活动范围可达50—60公里。狼主要捕食一切可能捕到的动物为食，它的食谱是随着环境变化而改变的，广而杂，以有蹄类动物为主，小到老鼠，大到驼鹿，什么都吃。狼的生态适应很广，能在多种环境中生活，森林、草原、高山、峡谷、丘陵、荒漠都有狼的踪迹。"

近些年随着姜戎先生《狼图腾》的畅销，全民掀起狼图腾的热

---

[1] 也有学者认为印度女狼孩的故事可能是发现者 Singh 先生捏造出来的，因为只有他一人的证词，而且当年流传出来的照片也并非其发现的两个女狼孩儿。

不同毛色的狼（Fuertes Louis Agassiz 绘）

潮。但是，小说毕竟不能当科普。狼虽然是群居性极高的物种，但并没有书中描绘的那般等级森严，它们多以家庭为单位活动。一般情况下，狼的家庭是由家系的奠基配偶（狼爸、狼妈）和它们年轻的后代组成，随着家庭扩大，在雌性和雄性中分别形成线性首领等级，即奠基配偶占据家系的首领地位。这些统治权力主要表现在诸如优先获取食物、良好的栖息地。但这不是绝对的，任意一只狼的身边大概半米的范围都是它的"所有权"地带，该区域的食物即使是地位较高的狼也不会与其争执。争斗一般会在一方的顺从后迅速结束。

发情期间狼到处奔走，活动频繁。雄狼为了争夺交配权而激烈

狼（Ryley Charles 绘）

战斗。失败的弱者，多为刚成年或年老体衰者、瘦弱有病者，它们没有交配的权利。这种战斗会导致严重的伤害，在争斗中，狼会形成不同的帮派。头领狼有更多的机会接近发情期的雌性，但是这种特权也不是绝对的。其他等级较高的雄性也有机会展示它们对于雌性的喜爱。但是，等级低的狼是没有表白机会的。与此同时，雌狼中也只有等级高的才具有交配权，地位低下的雌狼即使发情，也会遭到高等级雌狼及其随从的攻击，很难自然交配。狼群让最优秀的雌狼和雄狼结合，传递最好的基因，这就达到了"优生"的目的。

雌狼产子于地下洞穴中，经过60多天的怀孕期，生下3—9只小狼。小狼两周后睁眼，5—8周断奶，然后被带到狼群聚集处。这时，狼群中造起一个育儿所，将小狼集中起来养育，这就是所谓的异亲育幼。由群中母狼轮流抚育小狼，它们也心甘情愿地充当保姆，用心照顾。在群体中成长的小狼，非但父母呵护备至，族群的其他成员也会爱护有加。幼狼的生活没有制度的约束，因此就算做没礼貌的事情，长辈们也会表示宽容。在进食时，有的成年狼甚至会驱赶其他成年狼，让幼狼优先进食。

小狼既有双亲育幼也有异亲育幼，在这个大家族里苗壮成长。这两个阶段好比人类的家庭教育、学校教育阶段，小狼学会和兄弟姐妹相处，还学习基本的生存技能。随后，到了三四个月大的时候，小狼就可以跟随父母一道去猎食。半年后，小狼就学会自己找食物吃了。幼狼4—5个月开始离开洞穴，随成狼猎食，头几个月生长速度很快，7—8个月近似成狼。在野外，狼的寿命大约是12—14年，而狼幼崽的死亡率是非常高的，平均60%的幼崽会在一周岁之前死亡。幼狼成长后，会留在群内照顾弟妹，也可能继承群内优势地位，有的则会迁移出去，大多为雄狼。

如今，随着捕杀、栖息地破坏等因素，狼的数量大幅度减少，需要人类善待和保护。美国狼基金会主席阿斯金曾说："自然界中若没有了狼，就像一个钟表没有发条一样。"

由野狼到家犬

狼一直是与人类分居的，随着智人的出现，大约在四万年前，

灰狼（前面两只个体）和郊狼（较远的三只个体）捕猎[①]
（Fuertes Louis Agassiz 绘）

狼开始走进人类的社会。据推测，可能是在更新世时期，早期的人类向北半球迁徙。那个时期，除了包括剑齿虎在内的大型猫科动物以外，只有狼才是人类唯一的竞争对手。

　　四万年前的人类也具有和狼类似的生活方式：二者都是捕食其他动物，都采取一定的社会结构，合作捕猎，都可以杀死比自己大很多的动物；人和狼都结成很大的家族群体，通过感情和对首领支持维持在一起；为了保持复杂的社会关系，狼和人都有敏锐的意识，

---

① 郊狼和狼并不是同一物种，和狼的亲缘关系比狗和狼的亲缘关系要远。

形成复杂的问候方式和交流技巧。当狼聚集在人类居住地并从垃圾中寻找东西时，它们便开始了自我驯化。这种生活方式比打猎更容易维持稳定的生活。自然，只有那些比一般狼警惕性低，不大怕人的狼才会靠近人类，而人类也会容忍那些进攻种类。在人类与狼长期的较量中，聪明的人类化敌为友，将一些意志薄弱的狼，驯化成狗，为自己所用。于是，这些靠近人类的狼，它们的警惕性越来越低，它们不需要那样凶残，更加顺从。然后，它们之间互相交配，将这些适应人类的性状遗传下来。经过许多代的进化，这些与人相伴的狼不再需要强有力的下巴和可怕的牙齿，它们就这样演变成了狗。要从化石标本中确定狼演化成狗的过渡时间，最可靠的方法就是观察其下巴和牙齿。和狼相比，狗的下巴更短，牙齿更短（小）。

　　来自德国的狗化石，经过鉴定是1.4万年前的犬的下颌骨化石。此外，在中东地区发现的一个小型犬科动物骨架化石，大约是1.2万年前的一只小型犬。来自化石的证据表明，早在一万年前，犬就已经出现了。

　　时至今日，狗依旧保留了很多狼的特征：它们大都视觉、嗅觉、听觉敏锐，狗捕杀其他动物，很积极地保卫自己的领地。狗和狼一样对群体很忠诚，对地位和等级有准确的认识。它们的交流模式包括发声和面部表情以及身体姿态都很像，它们用几乎同样的方式来表达友爱、玩笑、愤怒、恐惧、控制和顺从。犬与狼之间的微小差异，来自人类的杰作。人类通过驯养、控制与选择性的繁殖，将狼身上的遗传因子转移到家犬身上，使犬的某些特征得到了加强，同时也削弱了其他特征，从而产生了体形、外貌、毛色、品质等各不相同的各种犬类。

究竟人类用了多长时间将狼驯化成狗，已经不得而知，因为历史是演变的且不可重来。不过，人类可以试验。德米特利·波格模洛研究西伯利亚银狐，从465只狐狸中，选出最镇定、对人类最好奇、攻击性最小的10%，让他们彼此交配。仅仅在20代后，就已经驯化了这些动物。这些狐狸寻找自己的饲养员，让人抱着到处走，听到人喊会摇尾巴，还有杂色的毛发和狗一样的卷尾。可以想象，人类驯化出狗，并没有想象中的那么漫长。

目前，我们所见到的一些优秀品种除少数是古老的血统外，绝大多数都是19世纪人工选择杂交的产物。

犬的演化

狼是狗的祖先，没有人怀疑人类把狼驯化成狗。但是，狼是何时何地被驯化成狗，却一直存在着争论。关于犬的起源问题，目前存在众多假说：其一，犬是在东亚或中国南方首先驯化成功的；其二，犬的起源与中东的农业革命有关；其三，欧洲人首先将狼驯化成了犬；其四，犬有多个起源地。这些问题一直困扰着科学家。

起源于东亚

欲知犬的起源，必须先破解遗传的密码。

有学者对来自欧洲、亚洲、非洲和北美地区的狗进行了种群遗传分析，通过种群遗传分析，能弄清各种犬、各地犬的母系血缘关系。简单说，可以知道："狗是谁，狗妈是谁，狗妈来自哪里"，结果发现这些犬有一个共同的外婆，它来自东亚。并且还可以知道，家犬的祖外婆大约是在1.6万年以前被中国的南方人驯化的。这表明狗最早起源于东亚，然后才扩展到世界各地。

不过这一结论受到了质疑，研究结果和化石的证据不吻合。德国的犬化石证据表明家犬在1.4万年前驯化，而中国南方起源假说认为家犬在1.6万年前被驯化。

此后，研究人员又收集了来自欧洲、非洲、亚洲（尤其是东亚地区）的犬的资料，覆盖了所有已报道过的家犬起源地的样本，进行了新的研究。之后，对这些采自世界各地的灰狼和不同品种的犬进行了全基因组测序。结果发现这些全球的家犬共享约50%的基因，中国长江以南地区的家犬具有最高的遗传多样性。这表明，别地犬的遗传信息都可以在中国找到来源，提示其他地区家犬的基因库都源自中国南方。他们进一步推断出，家犬于1.5万年前开始向中东、非洲和欧洲等地迁徙扩散，并在一万年前左右到达欧洲地区。

尽管狗起源于东亚（中国）有遗传证据支持，但也存在问题，因为该研究得不到化石的印证。如果犬起源于中国南方，并且在此生活了那么多年，为何没有犬的化石呢？不仅没有犬的化石，连狼的化石都没有发现。没有化石证据显示狼曾经在中国南部生活过。如果那里从来没有过狼，人类又怎么去驯化它们呢？但是，中国文献显示，狼曾经生存于中国长江的南部，但之后灭绝了。真相究竟如何，还有待于进一步研究和验证。

起源于中东

据记载，1.1万年前，人类在中东开始驯化牧群时，那个时期狗就充当了一个好的帮手，狗可以为人类驱赶羊群，把有蹄类赶出庄稼地。那狗会不会最早产生于中东地区呢？

中国俗语，"狼走千里吃肉，狗走千里吃屎"，话虽粗，但理不糙，此句形象地揭示了犬与狼在食性上的差异。有学者就是从食性上另辟蹊径，研究犬的起源。既然，犬与狼食性不同——狼是食肉动物，而犬是杂食动物，那么只要解决家犬最早从什么时候由肉食转变为杂食，就可以知晓其起源。他们采用的是对狗和狼全基因组测序的方法，比较了狼和狗参与食物消化的基因。从狼演化到狗的一个关键是，犬应该逐渐产生和拥有消化淀粉食物（碳水化合物）的基因。

既然思路很明确，那就从基因组层面对比，寻找狼与犬的差异，然后看看这些差异存在于哪些方面，是什么时间造成的。结果发现狼与狗的基因组有36个区域有变异，最为关键的是还有10个与淀粉消化、脂肪代谢有重要作用的基因。在这10个消化淀粉和脂肪的基因中，有一个称为AMY2B的基因对消化淀粉食物至关重要。而在狗的体内拥有比狼更多的AMY2B基因的副本。而且，在狗的胰腺里，这种基因比狼体内的基因活跃28倍。

从消化淀粉的基因突变可以看到，现代狗的祖先是在食用富含淀粉的饮食中演变的，相较于以肉为食的狼，这是早期狗驯化过程中的关键步骤。在长达几个世纪食用人类给予的富含淀粉的食物后，狗终于具备了消化淀粉食物的基因。因此，这一研究支持了"狗是被早期人类定居点的剩饭剩菜吸引过来的狼进化而来"的观点。

那么犬身上，消化淀粉的基因是何时何地进化出来的呢？

人类的淀粉类食物当然是农业发展和发达之后，人类能大量享用谷类食物，才能分给犬狼一杯羹。而小麦起源于中东地区，考古学家从中东地区当时最早的人类定居点耶利哥城发现迄今最早的人工栽培的小麦。由此推论，狗大约在一万年前中东地区农业起源时被驯化。

从拥有消化淀粉类食物的基因断定狗最初被中东（西亚）人驯化也得到了之前一些研究的支持。虽然，两个不同的研究都认定犬起源于中东。但是科学研究不同于民主表决，并不是哪种观点获得的选票多，就是正确的。一个科学结论的形成，要经得起质疑和实践的检验。

中东起源说的弱点在于，犬的化石出现的时间与农业革命的时间不符。农业革命是指人类从旧石器时代转向制造和使用磨制石器的时期，这个时期发明了陶器、诞生了农业和畜牧业。该研究认为狼被驯化的标志性事件是演化出了消化淀粉的基因。狼是在与人类接触之后，在长达几个世纪食用人类富含淀粉的食品后才演化出了消化淀粉的基因。按道理，应该是先有中东地区的农业，而后狼被驯化。然而，该研究采用的家犬化石样本至少要比农业革命的时间早几千年，这表明犬的驯化出现在农业革命之前。这并不符合该研究提出的人们在农业革命之后用淀粉类食物喂养野狼才将其驯化为犬的前提。

起源于欧洲

无论犬的东亚起源，还是中东起源说，一个明显的短板就是缺少化石的证据。对于史前文明，化石是最好的证据，它是一本无字的书。人们可以利用现代的科学手段，从古老的化石中提取有效信息，解开未知的谜团。同样，追溯犬的起源也需要从犬的化石以及基因对比才能得出比较可靠的结论。

另有学者从阿根廷、比利时、德国、俄罗斯、瑞士和美国等地收集了18种犬科动物的化石，这些动物化石最早可追溯至3.6万年前。找到这些化石后，研究人员从中提取这些动物的DNA。对于古生物而言，当它们死去并变成化石后，其中的蛋白质等有机分子就会分解，剩下的化石就只是矿物质。化石中有机物的保存年限可以超过10万年。因此可以从中提取线粒体DNA，这是遗传的密码，遗传的历史就蕴藏其中。DNA通过ATCG进行编码，虽然只是简单的字母，但进行不同的组合，就会变幻莫测，犬的亲缘和进化历史就隐藏其中。

随后，科学家把这18种犬科动物的线粒体DNA序列与49只现代狼和77只现代犬的线粒体DNA序列进行对比，随后建构了一个线粒体DNA遗传树来揭示它们之间的关系。在分析了这个遗传树的全部信息后，研究人员惊奇地发现几乎所有被测量的现代犬都与古欧洲犬科动物有着密切的亲缘关系，但与中国或东亚的狼的关系却比较疏远。这一遗传树还确定了四个现代犬进化分支，并最终确认欧洲是犬驯化的中心。研究还表明，所有的家犬在3.21万年前与狼共有一个最近的共同祖先。同时，欧洲最大的那一支家犬在1.88万年前有一个最近的共同祖先。

但是，欧洲起源也存在问题。欧洲起源说的问题在于，研究人员没有比对来自东亚或中国的犬的DNA。因此，他们的研究从严格意义上来说并不全面，缺少足够的说服力。该项研究并不意味着欧洲是犬起源的唯一地区，只是证明了欧洲在狗的驯化过程中起到了重要作用。

起源于多地

经过科学家们不间断的研究，家犬起源问题，虽然越发清晰，可是依旧无法拨云见日。显而易见，家犬起源于欧洲、中东或东亚这三种假说都有各自的证据和理由，但也都存在一些尚不能自圆其说的问题，因此这三种假说都没有得到广泛认同。人们之所以对于犬的起源和演化如此痴迷，是因为研究狗的起源不仅是一个未解之谜，更关键的是可以帮助人们弄清自身的起源和演化。因为犬的演化和人类自身的演化密不可分，可以作为研究人类演化的一个标记。不幸的是，犬的演化和人的演化一样，都是扑朔迷离。

在人类的演化上，一直存在两个观点：一是所有的现代人都来自非洲，即非洲起源说；二是人类在不同地区同时起源，即多地区起源说。

既然人类的起源存非洲起源说和多地起源说，家犬由人类驯化而来，回过头来看，犬的起源似乎也存在类似的情形。有学者认为全球各地的家犬可能经历各自不同的演化过程。因此，家犬可能是在多地区同时演化而来的。

犬的驯化历史悠久，驯化之后，又在很大范围上和狼有交配、繁殖，因此它们的基因是你中有我、我中有你，错综复杂，真假难辨。因此，有学者提出，犬的问题的关键不在犬是何时、何地被驯化的，而是犬被驯化的次数。

科学家们在爱尔兰东海岸一处4800年前形成的山洞里发现了许多动物的骸骨，并幸运地找到了一些狗的骨骼。虽然只有一小部分提取到了DNA，却保留了80%以上的物种信息。随后，他们成功对比分析了这只化石犬与700只现代犬的基因，并构建了一张庞大的家族谱。结果令人惊讶，犬家族谱上明显分支出了两大家族：其一，东欧亚大陆分支，以沙皮和藏獒为代表；其二，西欧亚大陆犬种分支。在历史时期，西支犬可能曾遭遇严重的瓶颈，数量大幅度下降。随后，东支犬向西方扩散到欧洲。

如果犬的起源只有一个地点，那么化石的排列应该是最早的犬类集中在某处，更年轻的化石以此为中心向四周扩散。现实情况并非如此。考古学家发现欧洲最老的犬类化石来自1.5万年前，而东亚最早的犬化石在1.25万年前，处于欧洲和东亚中间位置的犬类化石大约是八千年前。犬化石的年限呈现出两边早、中间晚的特征，表明欧洲和东亚都是犬的起源地。这表明在数千年前，犬就被西欧亚大陆的人类所驯化出来。与此同时，东欧亚大陆也在驯化灰狼，导致东西部同时存在着两支截然不同的犬。我们暂且称之为古西部犬和古东部犬。在青铜器时代，一部分古东部犬随人类迁徙到了西方。结果，古东部犬遇到了古西部犬，东西两支交配繁殖，杂交后的犬渐渐代替了古西部犬，古西部犬因此灭绝。现代的东部犬是古东部犬的后代，而现代的西部犬是由古东部犬和古西部犬的杂交后代。

家犬的起源，依旧众说纷纭，为什么追溯犬类的起源这么难？

一个重要的原因是不能确定犬类基因突变速率。不同的基因突变率支撑不同的研究结果。尽管我们不确定家犬究竟何时、何地被驯化，但有一点可以肯定，在数千年的时间里，不同品种的犬类相互杂交，与狼配种，被人类饲养，甚至走遍了世界，这些都让它们的基因变得复杂而难以判断。

既然，家犬由狼驯化而来，为何科学家们不从狼的角度研究家犬的演化？科学家也曾经这样想过，但最终发现又是一条死路。灰狼曾经广泛地分布在北半球，可能在任何位置被驯化成家犬（北美洲除外）。此外，更令人纠结的是，没有一种现代狼的基因更接近家犬，说明最终进化成家犬的狼可能早已灭绝。研究狼和家犬的基因只能是个死循环。或许只有让时光倒流才能说明一切。

不过可以肯定的是，狗是在北半球被驯化的，因为狼从来没有在赤道以南生活。伦敦动物学会驯养哺乳动物史专家朱丽叶·克拉顿柏克粗略地概括了各种类型的狗与狼之间的关系：印度地区的狼可能是澳洲野犬、笨狗、灰狗和藏狐的祖先；北美狼可能是狐狸犬的祖先；欧洲地区的狼是牧羊犬的祖先；中国狼是美洲狗、中国家犬和玩赏狗的祖先。

犬与野犬

在中国文化中，无论褒还是贬，均充斥着大量有关狗的记载。可是，野狗的记录却少得很。《聊斋志异》中有《野狗》一篇，此狗"兽首人身，伏啮人首，遍吸人脑⋯⋯于血中得二齿，中曲而端锐，长四寸余"。这里的野狗，兽首人身，尖嘴长牙，显然是虚构的怪物。现在，一提起野狗，就容易使人联想到那些被主人抛弃的流浪狗，名为"野狗"，实为家狗。在犬科动物中，冠以野狗之名的动物，以非洲野犬和澳洲野犬最为著名。

非洲野犬

非洲野犬（*Lycaon pictus*）属于犬科薮犬亚科（Simocyoninae）猎狗属（*Lycaon*），生活在东非和南非，因身上有黑、白、橙黄三种颜色，又被称作三色犬。虽然都叫犬，非洲野犬和家犬的亲缘关系

非洲野犬（Keulemans 绘）

并不近，做一个形象的比喻，非洲野犬和家犬的关系，就好比家犬和狐狸。非洲野犬被动物学家们称为"伪犬类"。"伪"的理由是它们的前肢只有四趾，比所有犬类都少一趾。在外形方面，除了身上有三色之外，最显著的特征是头上竖立的两只大耳朵，非常醒目，听觉异常发达。

非洲野犬是群居动物，族群属于母系社会。在每个群体中，有一对能够繁殖的首领犬，用尿液标志领地，其领地范围大小在200—2000平方公里之间。一般情况下，每个群落的成年成员大约是7—15只，由一对首领统治。群落中往往雌性少于雄性，雌性大多数终生不离开群落，雄性也有一半会这么做，但雄性和雌性中存在相分离的统治秩序。

非洲野犬虽然存在等级，但是日常生活中，家庭成员之间的关系表现得轻松、平等。个体间不必保持距离，它们可以簇拥在一起取暖，用脸或者鼻子嗅对方，以表示问候。日常行为中，非洲野犬的恐吓是特别难以识别的，它们不像狼那样嚎叫或者竖起鬃毛，而是表现出与平时快速前进类似的姿态，头会低过肩膀，尾巴自然下垂，当对手朝它走来时，它会站住严阵以待。相比之下，顺从则是一种复杂而明显的动作。当一个个体对另一个个体表现顺从时，顺从个体会收回嘴唇，露出牙齿，前端身体下倾，尾巴举得高过背部，反复颤抖，试图钻到另一只的下面去。正是因为顺从行为的存在，群体内关系才大为缓和。

非洲野犬群体中由地位最高的雌性掌权，雄性没有地位而且来去自由。它们的繁殖行为非常独特。首领雌犬才有交配的权利，群体内的所有成年雄犬都是它的"后宫男人"。首领雌犬会严格监管其他雌犬的发情状况，一旦发现，会立即将它驱赶出族群。有时其他雌犬会向首领雌犬发起挑战，以夺取族群中的领导权和交配权。除非能够战胜首领，才可能拥有领导权和交配权。虽然挑战首领地位的厮打不会经常发生，但每到交配季节，两性首领格外敏感，只要察觉苗头不对，它们就会毫不犹豫地上前制止。

在一年中只有一个或者两个雌性产下一窝幼崽。谁来产幼崽，由其在群体中的等级地位决定。在抚育权上，尽管正常情况下亲生母亲拥有第一位权利，但是雌性之间还会争夺抚养幼崽的特权。有时个别胆大妄为者偷欢生下的幼崽也会被雌性首领强行收养，但这种名分不正的幼崽在族群中地位低下，很难吃到食物，因此难以存活。那些低等级的雌性即便产下幼崽也很难活到断奶期。在非洲野犬的社会中，同一等级的雌性一旦产下幼崽，它在群内的社会地位就会卜降。这时，之前和它同等级的个体就会有一种优越感，并且会杀害其幼崽。

在这个体系里，除了首领雌犬外其他的雌性成员和一些雄性成员都得自动放弃做父母的权利，心甘情愿地充当首领孩子的照看者、保姆甚至奶妈。神奇的是，即便是没有生育资格的雌野狗，成年后即使不生育也会分泌乳汁，以奶妈的身份养育首领生下的后代。非洲野犬成体间，具有利他主义的食物共享：允许某些成体和幼崽留守在巢穴内，而其他成体出去捕猎，即捕猎者回来后给留守者带来新鲜的食物或者反哺出来食物。

　　在习性和能力方面，非洲野犬为了能在竞争激烈的大草原上生存，进化出了非凡的捕猎能力，有"超级猎手"的美称。草原上的野兽，恐怕只有犀牛、大象和群狮不怕它们。那些被狮群逐出的年老独栖的雄狮，往往最后丧命于它们之口。在斗争中，即使前边的被咬死咬伤，后边的依然上前攻击。非洲野犬夹在狮子、猎豹和鬣狗中间，如果没有高超的求生技巧，是很难立足的。

澳洲野犬

　　澳洲野犬（*Canis lupus dingo*）是澳大利亚唯一的大型食肉兽，是澳洲大陆高等哺乳动物的代表。和非洲野犬不同，澳洲野犬和家犬的关系要近得多，它们都是灰狼的一个亚种。与家犬不同的是，家犬是吠叫，而野狗则是嚎叫，令人想起杰克·伦敦的《荒野的呼唤》中的布克。

　　澳洲野犬身体瘦长，面尖，毛色大多为土黄色或棕色，也有少数是黑色和白色，外貌跟家养的土狗相似，但动作更加敏捷，听觉和嗅觉更为敏锐，浓密的尾巴更似狼，因此，澳洲野犬也叫"澳洲红狼"。但它性情比狼温顺，比狗凶残。澳洲野犬和家犬完全可以自由恋爱、自由交配，它们遍及澳洲北部、中部和西部的森林、平原和山地。

澳洲野犬（John Gould 绘）

澳洲野犬是肉食性动物，主要以小型哺乳类动物为食物，例如老鼠、兔子和鸟类。可是当食物稀少的时候，野犬也会合作捕猎比它们大得多的袋鼠、绵羊、牛犊或大蜥蜴。澳洲野犬每年只繁殖1次，雌性野犬在秋季发情，冬季产崽，每胎4—6只。澳洲野犬的社会构成是结合松散的狗群，每个狗群成员不固定，流动性很强，各个狗群都有各自的"势力范围"。它们擅长集体捕猎，小型猎物由单只野犬去捕获，大型猎物则群起而攻之。

不仅家犬的起源问题一团乱麻，关于澳洲野犬起源的问题，学术界也已经争论了上百年之久。一些学者认为，澳洲野犬就是澳洲土生土长的狗。其理由是考古学家在澳大利亚考察时，发掘出了远古时代的野狗化石。因此，此派学者认为澳洲野犬是当地土著民族饲养的家犬，后来这些家犬逐渐演变成了野犬。有证据表明，澳大利亚土著居民和澳洲野犬一起生活，虽然它们依旧像野生动物一样生活和捕猎。澳大利亚土著居民饲养一些澳洲野犬"作为宠物，把它们当作打猎的搭档，在肉食缺乏时当食物"。家犬演变成野犬，好像只在杰克·伦敦的小说中出现过。其实不然，在澳大利亚是不乏先例的。比如，有马、牛、羊等变成了野马、野牛和野羊的例子。另有学者认为，澳洲野犬的祖先可能是欧洲的森林狼，或者是亚洲的印度狼。

澳洲野犬（Fuertes Louis Agassiz 绘）

至于澳洲野犬是不是"坐地户"有待商榷，当时在澳洲动物中，有袋类动物，如袋鼠、袋狼是地道的"坐地户"。其中的袋狼和袋獾，都是食肉兽，澳洲野犬和它们存在食物及资源上的竞争。澳洲野犬的第一个斗争对象就是袋狼，资源有限，互相争夺猎物，挤占猎场，抢占地盘的矛盾随时出现，到处发生。据化石证据表明，澳洲野犬和袋狼并存的时间约有三千年左右。近几百年，袋狼从澳洲大陆消失得无影无踪了，仅在澳洲东南部的塔斯马尼亚岛上残存。除了澳洲野犬的竞争外，袋狼的消失也和人类的猎杀密不可分。

豺为何物？

在亚洲也存在一种野犬——豺，它在中国文化中的名气可以与狼媲美。那么豺为何物呢？古代多部典籍都有记载：

《尔雅》中说："豺，狗足。"

《说文解字》中记载："豺，狼属，狗声。"

《仓颉篇·解诂》中说："豺似狗，白色，有爪牙。迅捷，善搏噬也。"

从这些记载中可以清楚地看到，豺是一种似狗非狗的动物。在中国传统文化中，豺代表贪婪卑鄙，经常与虎狼并列。和狼一样，开始的时候，豺并非一无是处。最初的时候，豺是一种祭兽，古代多有记载：

《吕氏春秋·季秋》："豺则祭兽。"

《礼记·王制》："獭祭鱼，然后虞人入泽梁；豺祭兽，然后田猎。"

豺（Keulemans 绘）

《汉书·货殖传》:"育之以时,而用之有节。中木未落,斧斤不入于山林;豺獭未祭,罝网不布于野泽;鹰隼未击,矰弋不施于徯隧。"

什么是祭兽呢?古人发现霜降时,豺开始大量捕获猎物,捕多了吃不完的就放在那里。用人类的视角来看,就像是在"祭兽"——以兽而祭天报本也,方铺而祭秋金之义。

后来,不知为何,豺的名声越来越差。《史记·司马相如传》有"搏豺狼"之说,《资治通鉴》里形容曹操为"豺虎也"。

抛开那一层层文化的面纱,真实中的豺(*Cuon alpinus*),也叫亚洲野犬、豺犬、红狗或红狼,是犬科豺属中的唯一物种。从外观上来看,豺就像是灰狼和赤狐的混合体,在外形上,似一只赤棕色的小狼,体重在15—20公斤之间。豺的躯干和四肢结构更类似猫科动物,这使它们具有极高的灵活性和行动能力。仅仅从外形上看,豺并没有凶悍的外表,可是清朝刘鹗《老残游记》第八回里直接将豺和虎豹狼并列:"实在可怕的是豺狼虎豹。天晚了,倘若出来个把,我们就坏了。"豺狼虎豹,后三者都是非常凶猛的动物,豺为何独占鳌头?

这可能与豺捕猎的方式有关。豺和狼群一样,是一个坚强的集体,无论是猎食或是战斗,都采取以多取胜的原则。豺群盯住目标后会接力追逐猎物,追上后,一只豺咬住猎物的口鼻部位使其不能逃跑,其余的豺则重点攻击猎物的体侧和后躯,往往将猎物的腹部和肛门咬破,场面鲜血淋漓,令人不忍直视。在这样的攻击下,大型猎物需要近一刻钟才会死亡。如此场景，很容易使古人觉得豺是一种极其凶残的动物，成就了其在"豺狼虎豹"中"老大"的地位。

由于豺的猎物种类与亚洲的其他大型食肉动物重合度较高，它们不得不面对种间竞争的压力，比如虎、豹与豺的种间竞争尤为激烈。豺通常二三十只一群，多的有五六十只一群。它们协同作战，精于配合，一只豺形成不了气候，一般动物都不会害怕，但一群豺的群体合作，鲜有目标能逃脱它们的包围圈。同时豺的耐力极好，它们可以紧追猎物不折不挠四五十公里，常常将擅长奔跑的水牛、水鹿等猎物追得口吐白沫，累倒在地。

豺比狼矮小，它不能像虎豹等大型食肉动物将猎物脖子咬断，对于毛皮坚韧的水鹿、野牛而言，豺的爪子又不能将它们撕裂，于是豺进化出最凶残的一招：掏肛门！

虽然说猛虎不敌狼群，可是还未曾听说过有狼群攻击老虎并把虎吃掉的事。但豺狗确曾有过。孟加拉虎是红树林中的独行侠。但是被豺群缠上后，它虽然被动接受了豺狗的协助，但是它不得不受豺狗群摆布，增加狩猎的次数，表面的合作下是深层次的裂痕。共同狩猎得到猎物后，豺群每次都彬彬有礼让大王先吃，而当孟加拉虎想将食物拖走掩埋时，此时的豺狗群会围上来准备抢吃，眼放凶光咆哮起来。据美国动物学家夏勒博士在著作《鹿和虎》中记载：有一次一大群豺狗和一头孟加拉猛虎决斗，虽然有12只豺狗被虎咬死或抓死，但它们终于以多取胜，咬死并吃掉那只虎。另一次，一只雌虎被豺狗群包围，雌虎东扑西咬，把狗群咬剩五只，自己也累

群豹猎虎（Samuel Howitt 绘）

得不行，无力再坚持，只得逃走，但那五只狗仍然穷追不舍，终于招来另一群23只豺狗，包围再打。次日有人看见一具被吃去一半的虎尸，旁边躺着几只死豺狗。

历史上豺曾广泛分布，从中亚到华南，从贝加尔湖畔到苏门答腊岛，都能发现豺的踪迹。《中国兽类野外手册》中对豺的分布范围是这样描述的："豺广布全国；延伸至印度尼西亚（爪哇、苏门答腊）、马来西亚、印度、巴基斯坦、印支、朝鲜、蒙古和俄罗斯。"可是，如今豺的数量却岌岌可危，它们只能在中国西部的高原、深山和荒漠中寻求一片宁静的栖息地，在与狼、豹、雪豹和猞猁等捕食者的竞争中艰难生存。

三

世界名犬

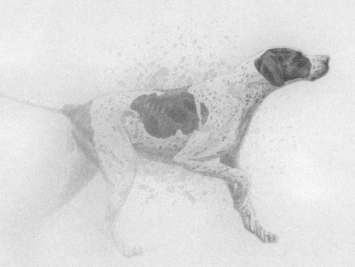

犬自从被人类驯化以来，通过人类选择性的育种，如今世界上犬的品种多达三四百种。与任何其他野生哺乳动物相比，不同品种的狗在行为和形态上千差万别，但它们之间不存在实质性的生殖隔离，可以彼此交配。在给狗育种的历史上，人们尽可能让不同品种的狗，甚至让狗与野狼交配以孕育出被认为更好的新品种。但也有一些品种反其道而行，在培育过程中，为了保留该品种的一些特质，故意让它们近亲繁殖，以维持所谓的"纯正血统"。现存纯种狗中，有三种与狼的血统最为接近，分别是：西伯利亚雪橇犬、捷克狼犬、萨尔路斯猎狼犬。对爱狗人士来说，自己偏爱的狗，品种越古老，他们就越得意，可是只有像灵缇、马士提夫獒犬、西施犬（狮子狗）这样的犬种，其祖先可以追溯到几百年前，现代意义上的狗的品种只有150年左右的历史。世界上几个大国，几乎都有自己本国知名犬种。

斗牛犬：因斗牛而生

据史料记载，1209年圣布莱斯节这天，英国斯坦福郡主沃伦伯爵站在自己的城堡上俯瞰时，正好有一只受惊发怒的公牛被肉店的一群狗追得满城疯跑。此情此景使得伯爵心中大悦，把城堡前的草坪腾出来给屠夫，条件是每年圣诞节前六周的某一天上演同样的场面。在有组织的表演中，一头公牛或熊被拴在木桩上，然后人们分批放狗发起进攻。到了13世纪末期，英国大多数有集市的城镇都有了自己的斗牛场，斗牛运动在英国发扬光大。

斗牛开展之后，牛好找，可犬难寻。斗牛时，公牛一般用绳固定在场地中。斗犬将身体贴近地面，尽可能地靠近公牛，并用牙齿攻击公牛的鼻子或头部。当斗犬飞奔而来时，公牛则用头部和角来抵御、将斗犬顶向空中。在这样的搏斗中，斗犬非常容易因伤致残甚至死亡。没有猛犬利齿怎可降服那愤怒的公牛？寻遍众犬，唯有獒犬堪当重任，怒目一瞪慑贼盗，长啸一声豺狼逃。因此由獒犬中专门培育出了一种腿短、凶猛、颌部有力的犬种，以适应这种运动的需求，斗牛犬应运而生。它起源于古老的莫洛索司犬，含有西藏马士提夫犬和拳狮犬的血统。由此经历了数个世纪后，老式英国斗牛犬被培育成拥有健壮身躯、硕大的头颅和下巴以及个性凶猛的犬种。

斗牛犬（Bulldog， English Bulldog），所对应的英文单词Bulldog最早可以追溯的文献是1631或1632年一个名叫普莱斯威客·艾顿的人所写的书信。1666年，英国科学家克里斯托弗·梅莱特在他的书中也提到，斗牛犬是一种用于斗牛或斗熊的狗。在当时的英国，斗牛和斗熊是一种赌博娱乐活动，观众在犬只身上下注，通过观看斗

斗牛犬（Vero Shaw 绘）

牛犬与牛或熊的搏斗获得乐趣。

16世纪大多数人喜欢斗牛，17世纪后期，许多人放弃了这项娱乐活动。这项血腥的"娱乐"也引起了不少公众的反感情绪。到了1835年，英国《反虐待动物法》的实施，正式终结了这项残忍的活动。在那以后，老式英国斗牛犬与其他犬种杂交，孕育出了新的作为宠物犬的斗牛犬犬种，比如法国斗牛犬，它们在外观、个性上与祖先都有所不同，并且终结了血腥搏杀的悲惨命运。老式英国斗牛犬这一犬种如今已经不复存在，只能在一些老的画作中看到了。此后，斗牛犬逐渐变成比赛犬，经过改良之后，它的后腿变短了，也失去了好斗的本性，逐渐演变成温柔的家庭犬。现在的斗牛犬是一种丑萌呆的宠物，反应较慢，精力没有那么充沛，甚至是个不折不扣的瞌睡虫。斗牛犬步上了家庭犬之途后，在美国军队中更是将它们视为搜索和传递军情的专用犬。今天的斗牛犬作为家庭陪伴犬、守卫犬，看起来萌萌哒。

如今斗牛犬在英国文化中仍占有一席之地，英国广播公司（BBC）曾经如此报道："对许多人来说，斗牛犬是国家吉祥物，寓意着勇敢和决心。"它也是很多学校和社会组织的吉祥物。

除了英国斗牛犬外，现在被叫作斗牛犬的还有法国斗牛犬、美国斗牛犬等。

法国斗牛犬（French Bulldog），肩高约30厘米，体重10—13公斤，原产地法国，用作看护犬、伴侣犬。至今仍不清楚法国斗牛犬起源于何种犬，但可以肯定英国斗牛犬是它的一个祖先，也可能是

法国斗牛犬（Arthur Heyer 绘）

众多玩赏犬中的某一种。虽然名为斗牛犬，但法国斗牛犬，盛名之下其实难副，从开始就没有斗牛的功能。说到法国斗牛犬，它和英国颇具渊源。

19世纪英国工业革命使得诺丁汉当地的纺织工在英国本地很难继续维持生活，英国的手工业家庭不得不另寻出路。当时相当多的诺丁汉纺织工转移到了法国，他们没忘记带上自己的小斗牛犬。这些小斗牛犬完全适应了新环境，它们能在拥挤的公寓，狭小的屋宇下生活。也因为它们充当着捕鼠高手的角色，所以在那个鼠疫横行的时期很受欢迎。这些玩具斗牛犬之后大量进入法国，在法国又和梗犬、八哥犬交配，产生了体型更小的法国斗牛犬，它曾经因为滑稽的外形而风靡全球。它的头大而方，头顶有直立的蝙蝠耳，脸部几乎满布皱纹，身材短圆，肌肉丰满，胸部很深，腰部更高，后腿较长。它的尾巴短且呈螺旋状卷曲，被叫作螺丝尾。身上被有短而纤细的毛发，颜色为白色、驼色、蓝色、虎斑色等。它继承了祖先的勇猛无畏，拥有不可一世、宁死不屈的个性，和对手决斗时作风彪悍，显得威风凛凛，虽然体型不能打，却拥有惊人的力量，顽皮的时候很难控制。它对小孩很友善，不过对其他犬类的容忍性低。它悠闲、安静，适合在城市中饲养，最终成为一种受人喜爱的宠物。

同样是在19世纪，英国斗牛犬随着欧洲移民迁移到美国。后来，当英国斗牛犬被逐渐改良成温柔的犬种的时候，美国斗牛犬依然保留着它的斗牛气质，拥有较长的四肢，还有暴戾的性格。美国斗牛犬（American Bulldog），雄性肩高55—70厘米，雌性52—65厘米；

雄性体重32—54公斤，雌性27—41公斤。一般用作畜牧犬、看护犬和伴侣犬。它动作灵敏，勇气可嘉，但是还没被任何一个大型犬类品种注册机构认可，也没有参加巡回展览，因此体型、毛色没有严格的规定。它身上被毛短而平滑，常见颜色为纯白色，或白色带有其他颜色的斑纹。它可以忠诚地守护着主人，在家庭出现危险的时候挺身而出。在美国南部，它担任着看守农场、放牧牛羊、陪主人一起狩猎的工作。

牛头梗：曾经的斗牛士

牛头梗，仅从名字就可以看出此狗的驯化和斗牛比赛相关。自从英国盛行斗牛比赛以来，当时的王公贵族乐此不疲，将其视为高级休闲活动。可是，牛儿力大无穷，一旦被激发野性，威力十足，一般的狗儿别说是去斗，就连打个照面的勇气都没有。斗牛活动十分残忍，需要四两拨千斤的技能，要以最快的速度在比赛中袭击公牛的鼻子，才能将其制服。如果不能快速击中公牛的要害，那就不是斗牛而是被牛斗了，一旦被愤怒的公牛袭击，能留个全尸已是万幸。当时人们已经培育出斗牛犬，可是为了精益求精，需要新的品种来满足人们不断增长的好奇心。

牛有千斤之力，人有倒牛之方。这个时期，人们培育出斗牛犬作为斗牛先锋。恰逢此时，英国伯明翰的商人詹姆斯·海恩科斯在一次观看斗牛比赛时被场上骁勇善战的斗牛犬所折服，大发感慨，"彼可取而代之"，由此萌发出了培育新犬种的想法。说干就干，

1850年，詹姆斯便正式开始了该犬种的杂交和繁殖工作。由于詹姆斯对白色情有独钟，便钟情于纯白色犬种。于是，詹姆斯选取斗牛犬和另外优秀的犬（可能是已灭绝的黑棕褐梗）进行杂交，培育出一种新的中型犬，它有着大型犬般优美的身体线条和充沛的精力，生性勇猛，有着无懈可击的战斗力，在当时的斗牛爱好者中深受好评。这种狗有着十分特殊的牙齿，咬合力为每平方厘米80公斤，在任何危险面前，都义无反顾、视死如归。詹姆斯将这种新品种命名为牛头梗，而他本人也被誉为培育牛头梗的鼻祖。

自培育以来，白牛头梗成为英国绅士的"白色的骑士"。当时，只有白色的品种被称为牛头梗，也只有白色的品种可以参加狗展，以彰显其高贵。然而"狗不可貌相"，经过好几年的试验，詹姆斯发现杂交出来的牛头梗不是纯白色，其头部隐藏着其他颜色。并且，纯白色个体更容易遗传听觉上的缺陷。所以在之后的繁殖中，为了避免培育中产生先天性疾病，詹姆斯不再以貌取狗，而是继续让英国斗牛犬和英国老式梗犬杂交，培育出更加健壮的牛头梗。有史料记载，1865年，一只名叫"宾查"的斑纹牛头梗曾创造出了在36分26秒的时间里驱除500只老鼠的纪录。进入20世纪，杂色的牛头梗也逐渐被接受。它们拥有惊人的格斗能力和杀伤力，但对自己的主人又百分之百地忠诚和顺从，非常适合作为护卫犬来饲养。

随着时代的进步，斗牛这项残忍的运动在英国被法律明令禁止。"旧时王谢堂前燕，飞入寻常百姓家"，以前贵族们把玩的牛头梗也随着众多的斗牛犬一样走进了普通人的家庭生活。从这之后的时间里，牛头梗的培育重点也发生了转移，在保留它们优美体形的同时，发扬它们忠诚、勇敢的优点，使牛头梗更适于成为人们的伴侣犬。

经过世代的杂交改良，牛头梗融合英国白梗、斗牛犬、大麦町，以及西班牙波音达、灵缇、惠比特和猎狐犬等名犬的特征，有迹象显示，为使牛头梗的头部显得更长，在培育过程中还引入了俄罗斯猎狼犬和苏格兰柯利犬的血统。现在的牛头梗，肩高46—56厘米；雄性体重25—29公斤，雌性20—25公斤。牛头梗长肢短体，脸部平滑圆满，像一个鸡蛋，看上去可爱无公害。但是千万别被它的外表欺骗了，它位列最凶猛的犬种之一，具有强烈的争斗性，不但是捕鼠能手，而且在犬类中从不让步，甚至伤害其他犬类。典型的牛头

牛头梗（左）和斗牛犬（Fuertes Louis Agassiz 绘）

梗是聪明伶俐、欢快活泼、勇敢自信、充满好奇心、敏感和滑稽有趣的，它特别热爱主人和家庭，渴望人们的陪伴与关爱；同时，它也是一种固执、以自我为中心、支配意识强、有时略显粗野、破坏力大、有很强攻击性的犬种，需要主人花大量时间来陪伴和管教。

除了典型的牛头梗，还出现了迷你斗牛梗和美国斗牛梗。

迷你斗牛梗（Miniature Bull Terrier），肩高不超过36厘米，体重11—15公斤，原产地英国，可用作看护犬、伴侣犬。它给人的感觉是清爽、利落，脸部有点下陷，鼻孔大而鼻尖朝下，身体比牛头梗更小，但是其他特征一样。实际上，它是现存斗牛梗中最小的犬种，身上的毛发不像其他梗犬那么粗糙和杂乱，常见毛色有纯白色，或白色带有其他颜色的斑纹。

美国斗牛梗（American Pit Bull Terrier），也叫比特犬、美国比特斗牛犬，肩高43—56厘米，体重14—35公斤，原产地美国，用作看护犬、负重犬、竞技犬、搜救犬。它的头大而宽，脸颊肌肉突出，神情专注时额头会露出皱纹。全身被毛短而厚，颜色为纯白色，或者带有白色斑纹的黄色、褐色、黑色、蓝色等，但斑纹不超过全身的20%。它个性凶悍好斗，在斗犬场上毫不退缩，好像也不怕被咬。其实，在战斗时，它体内的睾丸激素迅速提高，让它不怕疼痛，可以持久地打斗。它对主人忠诚，但是对陌生人不友好，对其他动物有攻击性。它力大无比，当它咬住一个对象时，上下颌好像被紧紧锁住，就算人们打死它，它也不肯松口。在北美，每年都有数起美国斗牛梗伤人案，不少儿童、成人被咬伤甚至咬死。

斑点犬：马车的护卫

斑点犬（Dalmatian），又称"大麦町犬""达尔马提亚犬"，是一个非常古老的犬种。该犬在英国曾被称为马车犬，在法国被叫作小丹犬，在瑞典称它为斑点犬。斑点犬可谓是一个万人迷，在不同的文化中，拥有不同的象征意义。在埃及，斑点犬象征帝国的权力；在希腊，它体现均衡、和谐、秩序……

这么出名的犬，来自何方？

时至今日，大麦町犬的起源仍不清楚，只有靠推测。从古代法老陵墓中发现的壁画和16世纪到18世纪的类似画作中，人们推测大麦町犬的存在已有数千年的历史。根据14世纪到18世纪的教堂记录，可以推测此犬起源自地中海地区，很可能在达尔马提亚海岸附近。早在16世纪，就有意大利画家给大麦町犬画像，1710年在达尔马提亚地区的壁画中也发现了大麦町犬的身影。之后，1792年出版的汤姆斯·毕威克的一部作品中也含有对大麦町犬的描述和绘画，

斑点犬（Fuertes Louis Agassiz 绘）

毕威克称之为"达尔马提亚犬或海岸犬"。1882年，英国人维若·肖第一次对大麦町犬这一品种进行标准地描述，1890年使它成为正式品种。

19世纪，大麦町犬在英国传播，不过，此时它已经"物是狗非"，渐渐失去了狩猎的技能而成为一种伴侣犬。英国及法国的贵族，把它作为马车的护卫犬，让其跟随在马车的前后奔跑，为此也有人称其为豹纹马车犬。第二次世界大战后，由于大麦町犬出色的被毛，在其他欧洲国家越来越受欢迎。1959年华德·狄斯奈以大麦町犬为主角的电影《一零一忠狗》使该犬从拖曳犬一跃成为众所热爱的伴侣犬，并风靡全球。

拨开历史的云雾，现代的大麦町犬肩高56—62厘米，体重15—23公斤，可作为伴侣犬或消防犬。它是一种平衡感良好，有特殊斑点、身体强健、肌肉发达且活泼的狗。它轮廓匀称，丝毫没有粗糙笨重的地方，一如之前"海岸犬"所写的，气质稳定而外向，但很威严。喜欢规律性的运动，活力充沛。大麦町犬刚出生时，全身白色无斑，只有口腔和内脏的斑点可以帮助确认身份。之后随着它不断长大，身上逐渐长出斑点，白色的皮肤，黑色的斑点，看上去像是由巧克力奶油蛋糕做成的。大麦町犬天性好动，具有极大的耐力，而且奔跑速度相当快。饲养斑点犬的人们不难发现它性子较野，喜欢玩耍，经常把主人们累得半死，而它却依然精力充沛，玩性不减。斑点犬生性与人接近，受小孩喜欢。

腊肠犬：热狗的原型

在阿佛洛狄忒神庙（阿佛洛狄忒是古希腊神话中的爱神）的石壁上，雕刻着一只身体长、四肢短、被埃及人称为"Teckle"的犬种，这只犬并非只存在于神话中，而是真实存在的，后经过证实该犬便是腊肠犬的祖先。此外，古罗马人居住的遗迹上曾挖掘出类似腊肠犬的遗体化石，墨西哥、希腊、秘鲁、中国大陆都曾发现类似腊肠犬的石雕模型及黏土制品。由此观之，腊肠犬的历史已经有数千年以上。

几大人类文明古迹中都有腊肠犬的身影，那么腊肠犬究竟源自何方？

我们现在熟悉的腊肠犬起源于德国，从15世纪开始，就被德国猎人训练为猎犬。从它们的名字Dachshund我们就可以了解到培育它们的最初意义是为了猎獾。獾是一种凶猛的小野兽，通常居住在洞穴中，由于腊肠犬四肢短小、身体狭长，非常适合钻进地下洞穴中

腊肠犬（Vero Shaw 绘）

把猎物拖出，是捕捉獾的最佳猎犬。此外，它们也能追逐鹿、狐狸、兔子等猎物。

和其他名犬一样，腊肠犬在培养过程中，也是博采众犬之长，以补自身之短。早期的腊肠犬总的来说毛发是短而平滑的，但不久，饲养者开始引进毛发各异的品种，以适应各种需求。比如，长有硬毛的腊肠犬能够在多荆棘的地方捕捉猎物，而毛发长的腊肠犬在环境中更具有隐蔽性。长毛腊肠犬于1883年出现在德国，硬毛（刚毛）腊肠犬是由毛发光华的腊肠犬与德国杜宾犬交配而成的。德国人特别喜欢体态娇小的腊肠犬，有一种体重不到3千克的迷你型腊肠犬，深受人们的喜爱，也是用来专门捕猎野兔的猎犬。19世纪末20世纪初这段时间第一批腊肠犬被带入美国，引起了美国人的狂热。在那之后，腊肠犬的繁殖数量成倍增长。1906年，美国出现细长流线型的香肠，其中一种就以Dachshund（腊肠犬）命名。同年夏天，一个漫画家画了小圆面包夹着香肠的图片，在写文字说明"快来买Hot Dachshund"时，他忘记腊肠犬的英文拼写，于是用Dog（狗）代替。"热狗"的叫法便由此传开。到了1914年，腊肠犬已经成为美国西敏寺秀场上最流行的十大犬种之一。

然而，天有不测风云，犬有旦夕福祸，第一次世界大战，腊肠犬的母国——德国成为战败国，国家败了，犬也跟着遭殃。德国人受到史无前例的蔑视，德国腊肠犬也跟着成为历史事件的牺牲品。腊肠犬成为德国的代表，遭受政治漫画家的嘲讽。那时候，受到牵连的还不只是狗，那些饲养腊肠犬的人，也成了众矢之的，被众人称为"叛国者"，最终造成了腊肠犬数量锐减。

不曾想，东方不亮西方亮，第一次世界大战后，腊肠犬在德国走向末路，然而一些美国的繁殖者又战战兢兢地开始了腊肠犬的繁殖工作，经过众人的不懈努力才使得这一犬种得以延续。

可就在众人兴高采烈地庆祝腊肠犬重塑辉煌的时候，第二次世界大战又爆发了，德国依旧是战败国。不过幸运的是，在那个时候，美国的腊肠犬繁育者已经得到了法律认可。所以"二战"的到来并没有造成像第一次世界大战的影响。国家兴亡，事关狗运，国衰狗遭殃，国强狗沾光。"二战"后，作为世界唯一超级大国，美国拥有

腊肠犬（Lilian Cheviot 绘）

空前的国际影响力。美国人大量饲养腊肠犬，并把它当作象征自由的猎犬，而腊肠犬也越来越受到人们的欢迎。到1958年，腊肠犬成为美国最受欢迎的狗之一。1998年被美国养犬俱乐部（AKC）评选为第五大最受欢迎的注册品种。

经过不断的改良，腊肠犬又分出好多类型。其中，迷你腊肠犬（Miniature Dachshund），肩高21—27厘米，体重不超过4.8公斤，原产地德国，用作猎犬、伴侣犬。其名源于德国，原意"獾狗"，可以猎杀兔子。身体修长，四肢很短，前腿仅到肩部的三分之一，身体看上去如同一根瘦长的腊肠。瑞典腊肠犬，别称瑞典达契斯布雷克，肩高29—41厘米，体重约15公斤，原产地瑞典，是小型的群猎犬。它最初是由从德国来到瑞典的达契斯布雷克犬和当地的嗅觉猎犬繁育而成，而今天的犬种则是由多个犬种交配形成。在挪威和瑞典地区特别常见，有人把它称为瑞典国犬。

吉娃娃：一茶匙的新生儿

　　吉娃娃（Chihuahua）作为这个世界上最小型的犬种，它的身世众说纷纭、扑朔迷离。有人认为此犬是随西班牙的侵略者到达新大陆的；也有人确定此犬原产于南美，初期被印加族人视为神犬，后来传到阿斯提克族……总之，吉娃娃犬的确切来源众说不一。根据以上描述进行推测，此犬绝非源自一种品种，而是由多个品种杂交而来。吉娃娃的确切起源目前莫衷一是，但吉娃娃的英文犬名是根据墨西哥最大的州 Chihuahua 而来。至少可以说明，此犬和墨西哥颇有渊源。

　　墨西哥是玛雅文化、托尔特克文化及阿兹特克文化的发源地，玛雅文化存在于公元前 1500 年至公元 1600 年，托尔特克文化则起于10 世纪末至 13 世纪，阿兹特克帝国则兴盛于 14 世纪至 16 世纪。吉娃娃的祖先，被认为是一种叫"太吉吉"（Techichi）的哑巴狗。太吉吉犬曾出现在托尔特克文化的石刻中，在墨西哥城通往印第安部落

吉娃娃犬（Carl Reichert 绘）

的公路两旁的一些修道院中，由于这些修道院是用托尔特克人建造金字塔神殿的石材所改建，所以这些石雕中，有完整的太吉吉犬的头脸及全身造型，与现代吉娃娃犬非常接近。在9世纪的托尔特克文化时期，有明确的历史文物证明，太吉吉犬存在于墨西哥，是中美洲的一种土狗。托尔特克文化的主要中心是杜拉市，此城很接近现在的墨西哥城，也是发现太吉吉犬最多遗物的地方。因此，杜拉市被推论为现今吉娃娃犬的发现处。

虽然太吉吉犬是在墨西哥被发现，但有一封哥伦布写给西班牙国王的历史名信中，却曾有过一段有关此犬的奇怪注解。哥伦布所报告的发现是："有一种在古巴岛上捕获的小型狗，很奇怪是哑巴不会叫。"但这些狗不可能被不善航海的阿兹特克人带到古巴，所以有由西班牙军队于16世纪带入美洲，或在欧洲人之前即由中国船旅带进美洲的说法。

近代，早在1850年，吉娃娃犬由墨西哥传到了美国，之后经进一步的培育形成了现代吉娃娃犬型，大多数肩高15—25厘米，体重1.8—2.7公斤，用作伴侣犬。吉娃娃犬不仅是可爱的小型玩具犬，同时也具备大型犬的狩猎与防范本能，具有类似梗犬的气质。吉娃娃动作迅速、坚定，具有很强的后躯驱动力。从后面看，后腿间始终保持相互平行，后脚落脚点始终紧跟前脚。前后腿都倾向于向重力中心线略靠，使速度加快。从侧面看，前躯导向配合后躯驱动，昂首阔步，行动中，背线保持水平、稳定，文雅而且不费力，前肢舒展、结实，后躯推动力强。从侧面看时，步幅恰当，从正面和后面看时，行走呈直线，这是因为具有健全的骨骼及肌肉的原因。

现在的吉娃娃有两种不同的毛发类型：短毛型和长毛型；每种类型均有两种头型：苹果头和鹿头。长毛吉娃娃全身被有光滑柔软的毛发，平顺或略显卷曲，耳部、颈部、尾部和足部覆有飘逸的羽状饰毛。一般来说苹果头的吉娃娃脑袋更圆，两眼间距较小，耳朵和四肢较短；而鹿头的吉娃娃顶部平滑，两眼间距较大，耳朵更大，四肢略显瘦长。吉娃娃是体型最小的犬类之一。2013年，波多黎各有一只名为"蜜莉"的吉娃娃，两岁半身高仅9.65厘米，获吉尼斯世界纪录认证，成为世界上最小的狗。蜜莉刚出生时，可用茶匙盛着，长大后还不到一只运动鞋的体积。

玩具贵宾犬：卷毛的泰迪熊

  贵宾犬（Poodle），又叫贵妇犬、贵客犬、卷毛犬、泰迪犬，有标准型、迷你型、玩具型三个类型，原产地欧洲。它曾经是英国女王的座上贵宾，也曾是法国国王路易十六钟爱的宠物。由于贵宾犬的犬种历史过于悠久，所以它的起源有很多种说法。

  有观点认为贵妇犬起源于德国，它以善于在水中捕猎而著称。并且贵妇犬名字中的Poodle来源于德语的Pudel或Pudelin，意指涉水。另一种观点认为，贵妇犬起源于法国。许多年以来，它一直被认为是法国国犬，在法国通常用作狩猎犬和马戏杂技表演犬。在法国它被人称作caniche，起源于法语chien canard或为鸭犬。"法国贵妇犬"这种表达方式可能是后来的一个绰号，是它在法国极受青睐而授予的称号。还有一种观点认为，贵妇犬起源于英国。理由是贵妇犬很像古老的粗毛英国水猎犬，除了脸上和尾巴上天生的短毛外，它和贵妇犬在外形上几乎没有差别。

贵宾犬（Fuertes Louis Agassiz 绘）

　　无论起源于何地，贵妇犬是由水中狩猎犬驯化而来，这点确定
无疑。并且自从出现以来就受到诸多王公贵族的青睐。

　　在西班牙，贵妇犬是18世纪晚期一种主要的宠物犬。在同时代，
法国国王路易十六统治时期，人们把贵妇犬作为溺爱的宠物。当时，
贵妇犬在英国也已非常著名，那个时期贵妇犬的繁殖技术已经相当
成熟，所培育出来的玩具型贵宾犬非常有名，当时英国女王对它的
表演十分赞赏。

　　贵妇犬以水上的出色工作赢得了人们的欢心。在丢勒的《圣母
圣子》图中，处女们面前趴着一只白色的小水猎犬，展示了这类犬
典型的毛茸长尾，后半身的毛被剃掉了，只在尾梢留下一个球。一

开始它被用于水上狩猎，因此要剪去一部分被毛，以便于在水中游泳。所有贵妇犬的祖先都是游水健将，但是这个家庭中的"块菌犬"除外，它从不接近水。在英国、西班牙、德国，可食性真菌是美食，"块菌犬"名称来源于它能够嗅出并挖出真菌。因此，小型贵妇犬深受欢迎，它们的脚比大型的小，因而对真菌造成的损害也小。

再到后来，因为贵妇犬有着娇小的体形和高雅的气质，很多家庭都选择它作为宠物伴侣。贵宾犬有单层厚实的卷毛，颜色为青灰色、银白色、咖啡色或奶油色，看上去高雅可爱，可修剪为泰迪熊造型和其他造型。贵宾犬被认为是除了边境牧羊犬以外最聪明的狗，可以参加犬敏捷比赛、跟踪放牧、马戏团表演等活动。在狗展中，它也取得过不错的成绩：贵宾犬总共得过9次西敏寺犬展的全场总冠军，其中标准犬4次，迷你犬3次，玩具犬2次。即便它没有赢得全场总冠军，也常常赢得全组总冠军，深得许多人的喜爱。现今贵宾犬主要有三种类型：标准型、迷你型、玩具型。标准型犬肩高38厘米以上，体重9—11公斤，可用作猎犬、工作犬。迷你型犬肩高28—38厘米，体重6—9公斤。玩具型犬肩高28厘米以下，体重3—6公斤。

松狮犬：囧字写在脸上

　　松狮犬的历史可以追溯到商朝，在中国古代的记载中，古代的松狮犬在岭南两广地区被当作贡品朝贡商王朝。在春秋战国时期，松狮犬是王家猎犬，广西左江宁明的花岩壁画（据考证为春秋时期的壁画）有松狮犬的画像。在中国汉代出土的陶瓷及雕塑品中很容易辨认出松狮犬。

　　据说唐代的一个皇帝拥有十万猎人和两千五百条松狮犬。它是最受皇帝宠爱的一个犬种。松狮犬何以在众犬中脱颖而出？松狮犬最独特的是它舌头的颜色，深沉的蓝黑色从舌头延伸到唇边。它几乎能完成其他所有品种所能完成的工作。在狩猎中，凭借其很强的嗅觉能力、忠诚可靠和聪明的优点，使它常用于追捕野鸡和鹧鸪。在狩猎中，它的速度和耐力常受到人们的高度赞赏。

　　遗憾的是，松狮犬的记录没有被完整地保存下来，它的精确演化史已在我国古代丢失。松狮犬的确是一个非常古老的品种。以前

松狮犬（Fuertes Louis Agassiz 绘）

的理论认为松狮犬来源于西伯利亚北部地区，为西藏古代獒犬和撒摩耶犬的杂交品种。当然松狮犬也表现出了这两个品种的一些特征，但基于松狮犬拥有蓝黑色的舌头这一事实可将这种理论驳倒。为此很多人认为松狮犬是基础品种之一。它可能是撒摩耶犬、挪威猎麋犬、凯斯犬和博美犬的祖先，所有这些犬的外形在某种程度上都有些相似。

19世纪末，松狮犬出现在英国，并被加以改良。松狮犬刚进入英国时并没有受到关注，直到1880年，维多利亚女王喜欢上松狮犬后，该品种才在英国引起人们的兴趣。1890年松狮犬第一次在美国参加展示比赛，并在纽约的威斯敏斯特养犬俱乐部的混杂品种犬中获得了第三名。美国养犬俱乐部在1903年正式承认了该品种。

现在我们看到的松狮犬肩高43—51厘米；雄性体重25—32公斤，雌性20—27公斤；骨骼粗壮，肌肉发达，头部和颈部的毛发厚实而蓬松，像一个大绒球，鼻子大而隆起，相比之下，一双杏仁眼深陷在毛发之中，像极了一个囧字。它全身被毛厚重，毛发有粗毛、软毛两种类型，均有双层毛发，颜色有红、黑、蓝、白、肉桂色和奶油色，一条卷尾搭在背上，长有丰富蓬松的饰毛。一般人看到松狮犬的外表，就忍不住想要去亲近，但实际上，它的警戒性很强，性格并不开朗，是一种独立、安静、我行我素的狗，甚至有些孤僻冷漠。它耐寒，但是不胜暑热，口水也比较多。松狮犬集美丽、高贵和自然于一身，一脸典型的悲苦表情更添情趣。现在的松狮犬因可爱的外表已被人视作理想的家居宠物，主要作为伴侣犬。

沙皮狗：全身褶皱的斗犬

世界名犬多产自欧洲，沙皮狗（Chinese Shar-Pei）却是地地道道的中国犬，又叫大沥犬。沙皮犬原产于广东省佛山市南海区的大沥镇。早在中国汉朝的绘画中，就出现过类似沙皮犬的画像。有人从它罕见的蓝黑色的舌头推断，它和松狮犬有着某种联系。有专家认为这个犬种最早出现在中国的汉代。从汉墓中发掘出来的塑像可以作为一种证据，这种用泥土做的塑像具有短腿、卷尾、皮肤褶皱的头部和正方形的体形。那时候的艺术家集中展现了沙皮狗的外部特征。

和其他名犬类似，沙皮狗起初被用来狩猎、牧羊、斗犬。在大沥镇，当时许多居民用斗狗来赌博，而在附近海域的海盗和水手们也会参加斗狗来打发时间。这个犬种在身体结构上似乎很适合这种"运动"，强而有力的下颌可以完全咬住对手，而那粗糙的毛质可以防止对手的袭击，它的对手会发现沙皮刺一样的毛咬在嘴里非常难

沙皮狗（赵序茅 供图）

受。正是因为有了这层盔甲，其他动物咬不动它的毛皮。当对手从后面咬住沙皮时，由于沙皮狗这种特殊松弛的毛皮使沙皮狗可以轻而易举地回过头来撕咬对手，它于是成了打斗场上的"中国第一斗狗"。沙皮狗在那个时候成了农民的万能犬，人们用它来看家或狩猎。

然而，20世纪一场轰轰烈烈的打狗运动，那场大屠杀几乎导致中国纯种犬的灭绝。只有少量的沙皮狗苟且偷生，这些沙皮狗被偷运到香港、澳门和台湾地区。到了20世纪70年代，只有少量的沙皮狗存活。但是，在1970年到1975年间沙皮狗的拯救行动开始了。一小群人致力于保留这一犬种，四处搜寻存活的沙皮狗，找到的沙皮狗被运到香港并有计划地繁殖，延续了这类犬种。

时过境迁，沙皮狗也由原来的斗狗，转变为伴侣犬。现代的沙皮狗雄性肩高48—51厘米，雌性46—48厘米；雄性体重16—20公斤，雌性15—18公斤。它的长相独特而奇异，有人形象地概括为：贝壳耳、蝴蝶鼻、河马吻、甜瓜头、老太太脸、水牛脖子、马臀、龙腿。幼犬全身满布宽大的皱纹，而成年犬的头部、肩部和面部也有明显的皱纹，毛发颜色为黑、土、白、红、灰、奶酪色或巧克力色。身上短而粗糙的毛发看上去像天鹅绒一般，顺毛抚摸比较顺滑，但是逆毛抚摸像在摸砂纸，因而有了沙皮狗的名字。

西藏猎犬：寺庙里的信徒

西藏猎犬（Tibetan Spaniel），又叫祷告犬、宫廷犬，原产于中国西藏。普遍认为，从公元7世纪就已经出现，是由西藏喇嘛饲养的，当地的喇嘛称之为"小狮子"。

虽然叫猎犬，但西藏猎犬从来没参加过打猎。传说这种犬是用于祈祷的，具有高度智慧，被训练帮助僧侣转动转经筒，并作为僧侣的伴侣犬，帮助僧侣看家护院。与西藏猎犬十分类似的品种在公元8世纪已经存在于朝鲜半岛地区。但是不是从中国西藏传过去的并不十分清楚。西藏猎犬有很好的视力，对待主人

西藏猎犬（Robert J. May 绘）

热情，看见陌生人会警觉吠叫。常被放到寺庙的墙上，看守着院子，一旦发现情况就大声吠叫，报告墙角的藏獒。除了看护庭院，西藏猎犬还和喇嘛一起睡觉，给他们提供温暖。经过训练后，它会转动转经筒，就像一个虔诚的佛教徒。自古以来，僧人将西藏猎犬进贡给朝廷，而朝廷将京巴犬赐给喇嘛，因此两种犬类极有可能杂交。在解剖结构上它们与北京犬相似，这种长腿长脸的西藏犬很少患呼吸和背部的疾病。这种犬独立、自信，是令人满意的伴侣犬。它行为很像猫，喜欢爬上沙发、餐桌、梳妆台等地方。

雪橇犬：不仅仅是雪地司机

在遥远的北极，一片冰雪的世界，不便于车马行走，这种情况下，狗成为生活在此的人们的最好帮手。经过培育，它们可以帮着人类拉车，在雪地里行走，于是雪橇犬应运而生。如今，雪橇犬被带到世界各地，成为伴侣犬，比较著名的雪橇犬有阿拉斯加雪橇犬、哈士奇和萨摩耶犬。

阿拉斯加雪橇犬（Alaskan Malamute），又称阿拉斯加犬、阿拉斯加马拉缪特、阿拉斯加马拉穆，肩高58—71厘米，体重39—56公斤，是雪橇犬中最古老的一个犬种，诞生在美国阿拉斯加州西北部。它的名字来自爱斯基摩人的伊努伊特族的一个叫作马拉缪特的部落，这个部落生活在阿拉斯加西部一个叫作寇赞伯的岸边。那里的人们世代依赖这种神奇的犬，它们耐寒、强壮、具有超强的耐久力。可以这样说，没有它们就没有马拉缪特人的历史。

在阿拉斯加，它充当雪地司机，帮助主人守护驯鹿，狩猎海豹

阿拉斯加雪橇犬（Fuertes Louis Agassiz 绘）

和熊。此外，它在历史上可谓战功赫赫：它曾和美国海军少将拜尔德一起探索南极，"二战"中在格陵兰岛帮忙搜救伤员，还去过欧洲帮助输送物资给村民。它长得像哈士奇，被毛颜色为黑白、灰白、红棕白色；不过，阿拉斯加雪橇犬的体型更大，毛发更长，被毛质地也更加粗糙。它有狼一样冷峻的外表，个性也比较独立，不过不具有攻击性，对主人比较友好。它耐寒，不消暑热，独处太久会有破坏倾向。

哈士奇（Siberian Husky），又叫西伯利亚雪橇犬，雄性肩高53—61厘米，雌性46—51厘米；雄性体重20—27公斤，雌性16—23公斤；原产地西伯利亚，用作雪橇犬、看护犬。它长得就像小型的阿

哈士奇（Devilkate 绘）

拉斯加雪橇犬，脸颊比狼圆润，耳朵呈三角形，有着狼一般的寒光四射的眼神，但是其实它非常喜欢人类。它有可以抵挡风雪的双层毛发，常见毛色为纯白、黑白、灰白、铜红夹白色等。夏天的时候，它的鼻子是黑色的，但是到了冬天可能会出现"雪鼻"现象，即鼻子褪成棕色或粉红色。它最初是被北极的土著居民所饲养，18世纪初被美国人所知。1925年，阿拉斯加有个偏僻小镇急需治疗白喉的血清，可是用正常的运送队需要25天。后来，人们使用哈士奇雪橇队来完成任务，最后在5天半时间就走完了600多公里的路程，成功完成了任务，挽救了无数生命。哈士奇在世界范围内广受欢迎，在国内，人们热情地称之为"二哈"。

萨摩耶犬（Fuertes Louis Agassiz 绘）

另外在西伯利亚，萨摩耶犬也一向被用来拉雪橇和看守驯鹿。对第一次接触萨摩耶的人来说，都会被它的美丽所折服。它有着一身洁白无瑕富有冰雪光泽的毛发，搭配着黑亮的眼睛与鼻子，由此成就了萨摩耶那迷人华丽的外表。除此以外，一双直且灵敏的耳朵，一张轮廓分明的嘴以及一条像白色羽毛一样卷曲的尾巴覆盖在它适中的身材上，不能不让人认为萨摩耶是最具浪漫主义的雪橇犬种，而最让人难以忘怀的还是那黑色唇线勾绘出的萨摩耶的"微笑"。

许多年来，关于萨摩耶犬的历史和传说如这种犬一样引人入胜。萨摩耶犬在许多世纪以前是由定居在北西伯利亚的游牧民族——萨摩耶德部落发展起来的。萨摩耶德部落曾经是以驯养驯鹿为主的游牧部落，以打猎和捕鱼来维持生计。最开始的时候，萨摩耶德部落居住在伊朗高原，受到强大部落的排挤，他们的部落一直向北走，穿过中国，来到白海和叶塞尼河之间的广阔冻土带。他们发现在冰雪的天然屏障后很安全。在这里，他们一直过着游牧生活，放牧驯鹿。萨摩耶德人饲养犬帮助他们放牧驯鹿、拉雪橇，也让犬和他们做伴。经过几个世纪，萨摩耶犬一直保持纯种。在所有现代犬种中，萨摩耶犬是最接近原始的犬种之一。北极的阳光和冰雪给了萨摩耶犬一身洁白且有冰样光泽的被毛。与人们的长期相处使萨摩耶犬有着不可思议的理解力。作为驯鹿的保护者而不是杀手使萨摩耶犬有独一无二的特征。作为工作犬，萨摩耶犬在人类探险南极中保持辉煌的纪录。1911年杰克逊·哈斯沃斯、达克·阿布鲁兹、博奇沃维克、萨克莱顿、斯科特、沃德·阿莫德森，在18条萨摩耶犬组成的雪橇队的支持下，成功到达南极点。

秋田犬：忠犬八公的原型

　　看过电影《忠犬八公》的朋友，无不被八公的忠诚打动。八公的主人是东京的大学教授上野英三郎，一个偶然的机会收养了八公，这成为他们深厚感情的开始。上野教授上班时，八公会陪主人一起到东京涩谷车站，下班时它又会主动去接主人。一天，上野教授上班时突然去世，当天八公没有等来主人。但此后近10年时间里，八公每天早晚都准时来到车站，仿佛主人还在人间。1932年，《朝日新闻》报道了八公的事迹，引起了日本人的广泛关注。人们被它所感动，1934年在涩谷车站前为它建立了塑像和纪念碑。

　　电影中的八公实际上是一只秋田犬。除了八公的故事，日本还有一座著名的老犬神社。在秋田县大馆市中心向东12公里的山中，有一座"老犬神社"。传说以前日本有一个名叫佐多六的猎人，家里养了一只白色的秋田犬。一日，佐多六带着白犬去打猎，意外进入了附近部落的领地，被当地人发现后扣留，将被判处越境罪。佐多六没

秋田犬（Steven Nesbitt 绘）

有携带特许通行证，无法申辩。白犬一见不吃不喝往家跑，但当它叼着通行证回来时，主人已被处死。白犬在埋葬佐多六的地方日夜咆哮不止。为纪念这条忠犬，秋田县人特地建造了这座"老犬神社"。

　　历史记录显示，秋田犬是在17世纪早期培育而来的。日本本土早期的原始犬中只有小型犬和中型犬，而没有较大体型的犬种。直到1603年，在秋田县一带，一种叫作"玛塔吉秋田"（Akita Matagis）的犬（中等体型的猎熊犬）被用于斗犬活动。从1868年开始，玛塔吉秋田犬逐渐与日本本土的Tosas（可能是当地土狗或斗犬）和马士提夫獒犬杂交，产生一种体型较大但失去尖嘴犬特征的犬，这便是最初的秋田犬。经过几代的选种，培育出了一种体形大、狩猎能力强、勤劳、具有无畏精神的秋田犬。1908年，斗犬活动被日本禁止，但这丝毫没有影响到秋田犬的发展，秋田犬逐渐被改良成日本的大型犬种。1931年，根据日本《天然纪念物保存法》，9只优秀的秋田犬获得国家天然纪念物认定。

第二次世界大战期间，大量狗皮被用于制作军用服饰，秋田犬大部分被捕获或没收充公。第二次世界大战结束后，秋田犬数量大幅减少，存世的只有3种类型：玛塔吉秋田犬、斗犬秋田犬以及牧羊秋田犬。更为严峻的是，流传下来的秋田犬血统变得混乱不堪。

"二战"之后，日本开始对秋田犬进行血统纯化。期间，在羽州地区出现了一种叫Kongo-go的混血秋田犬，该犬种同时拥有獒犬和德国牧羊犬的特征。按道理，它应该成为秋田犬培育的榜样。然而，固执的日本人并没有将此特征的犬进行培育并定型。相反，他们试图通过选育弱化并消除Kongo-go夹杂的外国犬种基因，并让其与原始的玛塔吉秋田犬杂交以进一步强化本土原始秋田犬的优秀纯种基因。最终，他们成功纯化出了今天我们所见的体型较大的秋田犬。

比较有意思的是，墙内开花墙外香，被日本遗弃的Kongo-go混血秋田犬却受到美国人的青睐。"二战"后美国军方将这种犬带回了本国，他们发现Kongo-go犬拥有非常高的智商，可以适应不同环境，因此许多美国的犬种繁育者开始大量培育这一犬种，并称其为美系秋田犬。1972年，美系秋田犬被美国养犬俱乐部所认可，但并没有得到日本犬种俱乐部认可，双方在秋田犬的观点上意见分歧较大，使得美系秋田犬通过日本本土秋田犬进一步改良的大门被关闭。

结果，美系秋田犬与日系秋田犬外形差异越来越大，成为美国独特类型的秋田犬，自1955年至今，其特征和类型一直没有变化。

日本秋田犬雄性犬身高66—73厘米，雌性犬身高60—67厘米；成年个体体重在34—50公斤之间。耳朵是秋田犬的品种特征之一，强健地向前直立，并且与头部比起来显得略小。下垂和折叠的耳朵都是不合格的。秋田犬有灵敏的嗅觉，身体强壮、耐力好，奔跑的速度也快，非常适宜在积雪很深的地方捕猎。过去只有皇族和贵族才可以拥有秋田犬，现在秋田犬则经常被用来做火警警备犬。

在日本，人们将秋田犬视为忠实的伴侣、家庭的保护者和身体健康的象征。当一个家庭有孩子降生时，他们通常会收到一尊秋田犬的小塑像，象征着健康、快乐和长寿。如果有人病了，朋友们会送他秋田犬的雕像祝福他早日康复。秋田犬与家庭成员及朋友们的关系非常亲密，与人们的友好相处使秋田犬能够健康成长。很久以来，日本的母亲可以放心地将孩子交给秋田犬照料。无论什么时候，只要家庭受到威胁，秋田犬都会站出来保护家庭。生活中，秋田犬最拿手的工作就是帮助别人在雪地里寻找被击落的猎物，而且在水里也是一样，它们都能很快地将猎物取回，然后交给主人。秋田犬在日本有着非常重大的意义和美好的象征。秋田犬本质优良，蕴藏着很大的能力，更重要的是它个性坚定，具有永不放弃的精神。1931年，日本政府将秋田犬定为国家的象征，而且在国家外交上也偶尔作为礼物送给其他国家的元首。日本曾在2012年送了一只叫作Yume的母秋田犬给俄罗斯总统普京。

牧羊犬：军犬、警犬中的翘楚

美国电视剧《灵犬莱茜》激起了孩子们和父母豢养牧羊犬的热情。牧羊犬温驯、强壮、敏感而活跃，且易于训练，勇敢而且富有责任心。牧羊犬的体形全身无累赘感，自然站立时身体挺拔而结实。此犬富有贵族气派，兼具"男人的智慧"和"女人的魅力"。

牧羊犬的诞生和纺织工业的兴起以及农业集约化密切相关。工业革命时期，羊毛成为重要的工业原料的同时，又带来了一个对新犬种——牧羊犬的需求。牧羊犬的任务是看护和驱赶羊群，阻止羊群践踏庄稼，保护羊群免受偷猎。因此，它必须机警、灵活，富有耐心，速度快，能独立工作，听从指挥，对羔羊要温和、体贴。不同地区和不同的地理条件下，形成了不同种类的牧羊犬，有其各自的突出特点。在众多牧羊犬中，德国牧羊犬可谓声名显赫，享誉全球。

德国牧羊犬（German Shepherd），又名德国狼犬、德国黑背，原产地德国，可作牧羊犬、缉毒犬、搜救犬、导盲犬、宠物犬等。德

德国牧羊犬（Landseer Eduin 绘）

国牧羊犬是很出名的大型牧羊犬，全身被毛短而粗糙，耳朵略尖而竖起，给人一种聪明机警的感觉。它的被毛颜色多数是黄褐色和棕色，而头部、背部、尾巴为黑色；也有全黑、全白或银色的。

现代德国牧羊犬的历史是与马克思·冯·斯特凡尼茨分不开的。冯·斯特凡尼茨生于1864年，是著名的犬种分类学家，他的人生理想就是能够培育出一种多用途工作犬。那时，人们选择工作犬，多是以貌取狗，看重的不是工作能力而是外表，其中苏格兰牧羊犬和柯利犬最受人们欢迎。19世纪末，人们用狼与犬交配，但结果不理想。冯·斯特凡尼茨曾到过欧洲许多国家观摩犬的工作方式，收集了大量犬的资料和图片，他的著作《德国牧羊犬——字与图》中介绍了当时所有著名的牧羊犬，并坚决反对只注重外表的繁殖。由于他和军方的密切关系及自己的不懈努力，其培育的德国牧羊犬终于取代了柯利犬和埃耳梗（Airedale Terrier）作为军警用犬。他的努力获得了成功。

德国牧羊犬最早的任务之一就是担当警犬。1903年，人们开始对德国牧羊犬警用资格考试，其结果令人满意。随之在很多大城市，警察局把警犬作为警察工作体系中一个固定的组织部分来试行。起初，德国牧羊犬主要被作为追踪犬投入使用，直到第一次世界大战爆发，德国牧羊犬在世界范围内名声大振。

第一次世界大战爆发时，德国牧羊犬的警用作用转为军用。在战争中，德国牧羊犬灵敏的听觉和刚毅的韧性对搜索、探路、侦察等具有极其重要的价值，并可及时报警。战争期间，德国牧羊犬常被用来执行战地通讯联络任务。同时，士兵利用它的嗅闻、追踪、寻找能力，在战场寻找伤员。有资料记载，在第一次世界大战长达四年的战争中，仅德国和法国就把大约5万条军犬投入了战场。德国牧羊犬经过特殊的训练后可熟练进行追踪、鉴别、警戒、看守、巡逻、搜捕、爆破、通讯、携弹、侦破、搜查爆炸物等任务。德国牧羊犬在战争中有惊人的适应性。特殊时期拖拽小型运输车的工作也由德国牧羊犬担当，当时还专门配备了这种狗来拖拽装有武器的小车。前线反馈回的信息中对德国牧羊犬的嗅觉做了极端好评："实在是太令人吃惊了！"一名德国步兵在报告中写道，"这只狗简直能闻到地狱里的法国佬。"因为有了德国牧羊犬的站岗，当时德国很多二线连队甚至将岗哨的数量减半，并说"只要有狗在，我们不怕敌人偷袭"。

"一战"结束后，德国牧羊犬迅速成为各个国家的主力军犬，地位迅速提升。

有纳粹狂人称号的阿道夫·希特勒，私底下最宝贝的密友，便是他的爱犬。早在1921年，当希特勒还处于穷困境地的时候，有人曾送给他一只德国牧羊犬。但希特勒不得不把它寄存在另一个地方，但这只德国牧羊犬后来设法逃脱并回到了希特勒的身边。希特勒是一个崇尚忠诚和服从的人，从此爱上了德国牧羊犬这个犬种。

1941年，马丁·鲍尔曼送给希特勒一只名叫布朗迪的德国牧羊犬。布朗迪一直都在希特勒身边，即使是在1945年1月的柏林战役期间，当希特勒转移到地堡的时候也不例外。在所有的记录中，希特勒都很喜欢布朗迪，始终让布朗迪待在自己身边，甚至让布朗迪睡在地堡中他自己的卧室里，这是一项连希特勒的情人爱娃·布劳恩都享受不到的殊荣。爱娃讨厌布朗迪，根据希特勒的秘书特劳德·琼格回忆，爱娃曾经踢过它。1945年4月，布朗迪与戈尔第·特罗斯特的德国牧羊犬哈拉斯生下一窝共5只幼犬。希特勒为其中一只幼犬命名为"狼"，这是他最喜欢的小名。而希特勒自己的名字——阿道夫，就是"狼"的意思。

布朗迪在纳粹宣传中扮演重要的角色。纳粹宣传的一个重要方面就是把希特勒描述成一个关爱动物的人。通过在书籍和明信片中的大肆宣扬，希特勒与布朗迪的密切关系变得人尽皆知。像布朗迪这样的德国牧羊犬体型很接近狼，被认为是"德国狗的起源"，在当时的第三帝国非常盛行。有一次，布朗迪生病了，希特勒还替它精心准备了一份病号饭，所用食材全是特选的鸡蛋和瘦肉。希特勒身边的空军元帅赫曼·戈林知道他爱狗如命，便提议立法严禁狩猎及各项活体解剖动物的实验：谁折磨动物，谁就是伤害了德意志民族的感情！这对当时饱受歧视迫害之苦的犹太人而言，简直无法想象。在希特勒自杀的前一天，他命令医生维纳·哈思在布朗迪身上测试一种氰化物胶囊，胶囊立刻毒死了布朗迪。根据呈交斯大林的报告和目击者的证词，当时戈培尔的孩子们正在跟布朗迪的幼犬玩耍，希特勒的带犬员弗里茨·托诺中士从孩子们的怀里拿走了幼犬，然后在地堡的花园里开枪打死了它们。希特勒的护士埃尔娜·弗雷格在2005年的时候回忆说：布朗迪之死比爱娃的自杀对地堡里的人影响更大。

希特勒的爱犬之癖，后来间接影响了德国牧羊犬的未来。"二战"初期，德国采用闪击战横扫波兰、比利时等国家，机械化部队通过后，执行占领和肃反的党卫军部队都编有军犬大队。在他国的土地上，德国牧羊犬真真切切做了一次恶魔的帮凶，对于曾经经历过集中营的人们来说，除了党卫军之外，当年最仇恨的就是无处不在的警卫犬了。不知道有多少次计划周密的越狱和逃亡，就因为一声犬吠而功败垂成。惨遭德军蹂躏的法、奥、比利时等国人，一提起德国牧羊犬都会联想到德国纳粹。为摆脱过去不愉快的阴霾，他们一度把这一品种改称为"阿尔萨斯狼犬"。直到1977年，英国养犬俱乐部才再度恢复其原名。德国牧羊犬其实是无辜的，它们只是忠心耿耿地完成主人的命令。真正的恶魔，是灭绝人性的纳粹。

除了德国牧羊犬外，英国老式牧羊犬、粗毛牧羊犬也是牧羊犬中的佼佼者。

英国老式牧羊犬（Old English Sheepdog），又称英国古代牧羊犬，肩高56—61厘米，体重29—30公斤，原产地英格兰，最初用作牧羊犬，现在可作伴侣犬。它全身被有浓密而蓬松的双层防水长毛，颜色为灰白色、芸石色、银灰色或蓝色。它的头部也被有浓密的毛发，只露出一个黑色的鼻头，一条吐出的舌头，而眼睛早就被头顶的长毛给盖住了。因为这个原因，它走路时经常会撞到桌子、椅子，或是室外的路灯、柱子。有些好奇的孩子总是忍不住扒开它的毛发，看看它究竟有没有眼睛。它有很丰富的肢体语言，人们可以感受到

英国老式牧羊犬（作者不详）

苏格兰牧羊犬（Wright Barker 绘）

它的喜怒哀乐。它性格温顺，喜欢与人为伴，对待陌生人也很羞怯，但是独处的时候会表现出一定的破坏力。

苏格兰牧羊犬（Rough Collie），又叫苏牧，雄性肩高55—66厘米，雌性50—61厘米；雄性体重20—34公斤，雌性15.8—29公斤；原产地英国，原本用来牧羊，如今当作伴侣犬。它头部尖细，有一种十分轻盈的机智感。除了头部、腿部外，它的全身被有华丽蓬松的长毛，看上去非常美丽。毛发有双层，里层柔软、紧密，就算撩开也看不见皮肤；外层笔直而粗糙。被毛为貂色和白色，也有蓝灰色带黑斑、蓝灰色带黑褐色，甚至有以白色为主夹杂少量花斑的。

虽然苏格兰牧羊犬在今天是最受欢迎的犬种之一，但是曾经的几个世纪里，它只待在苏格兰地区，做着牧羊的工作，外面几乎无人知晓。直到1943年，英国作家埃里克·奈特的作品《莱西回家》被搬上电影荧幕，一只粗毛型的苏格兰牧羊犬莱西一举成名，它从此成了人见人爱的宠儿。

边境柯利牧羊犬（Border Collie），又叫边境牧羊犬、博德牧羊犬，雄性肩高48—56厘米，雌性46—53厘米；雄性体重14—20公斤，雌性12—19公斤；原产于英国，常用作牧羊犬。幼犬有浓密的短发，能防水，长大以后，这层毛发变成底毛，又长出外层平滑的中等长

边境牧羊犬和罗塞尔梗的幼崽（Walter Hunt 绘）

度的毛发，脖子和胸前的毛发特别厚实，像是一条大围巾。毛发有粗毛型，略呈波浪状；也有短毛型，毛发顺直。被毛最常见为黑白色，也有黑白褐、红白褐以及其他花色，但是白色不能成为主体色。牧羊犬被学界公认为最聪明的犬种之一，智商相当于6—8岁的小孩，学习能力很强。通常教授一个新知识，不用超过5次，它就能完成，并且服从第一次口令的可能性达到95%。它精力旺盛，能者多劳，并且有"工作狂"的气质，世界上一半以上的牧羊工作都是它来完成的。它对朋友非常友好，但对陌生人比较戒备。

藏獒：来自东方的神犬

　　"冰川造就你坚毅性格，雄狮愧对你堂堂仪表，虎豹心悸你凛凛正气……"这是一首诗歌中对藏獒的赞美。藏獒产于我国西藏和青海，被毛长而厚重，耐寒冷，能在冰雪中安然入睡。它壮如牛、吼如狮、刚柔兼备，能牧牛羊，能解主人之意，能驱豺狼虎豹。藏獒性格刚毅，力大凶猛，是世界上唯一敢与野兽搏斗的犬，因此被赋予"东方神犬"的美誉，在西藏被称为活佛的坐骑。藏獒虽然凶猛，但对主人却特别忠诚，为藏民护牧、看家、守院。

　　抛开那些神秘的面纱，藏獒可能是由一千多万年前的喜马拉雅巨型古鬃犬演变而来的高原犬种，是犬类世界唯一没有被时间和环境所改变的古老的活化石。它曾是青藏高原横行四方的野兽，六千年前才被人类驯化，古人称它是"天狗"，藏獒研究者说它是"国宝"，是"举世公认的最古老、最稀有、最凶猛的大型犬种"。

　　獒类犬在古代非常普通，不仅限于中国，在希腊北部地区出土的一枚公元前3000年的图章上，也展示了一只獒类犬，体格健壮，脚掌巨大，半垂的耳朵很大，尾巴在背部卷曲，正守护着国王的宝座。在美索不达米亚文化遗迹中的尼尼微宫殿（公元前7世纪）的浮雕中，有獒犬捕猎狮子和野驴的场景。

早在商周时期，殷墟甲骨文上记载，我国先民养犬业非常昌盛。据《尚书·旅獒》记载，周武王统一中国后，有西旅献獒。周武王的史记官员太保作《旅獒》篇："惟克商，遂通道于九夷八蛮，西旅底贡厥獒，太保乃作《旅獒》，用训于王。曰：'呜呼！明王慎德，西夷咸宾。无有远迩，毕献方物……'"这是最早有关藏獒的历史记载。据此，我们可以知晓藏獒是由当时被广泛分布在青藏高原的藏族培育出来的，他们生活在黄河上游的草原，追逐水草而游牧。在牧区生活的野狗时常追随牧民，以病死的牛羊和小动物为食，后来藏族人开始驯化这些狗，经过驯化的狗成为他们对付其他猛兽如野狼、狗熊、豹子袭击和威胁的得力助手。它们看守着帐篷、护卫牛羊，成为藏族人生活中不可或缺的"家庭成员"。自此，哪里有牧民，哪里就有它的身影，这就是藏獒的雏形。随后，藏族人游牧到了青藏高原的广大地区，藏獒的足迹自然随之扩展到青藏高原及周边国家和地区。

冯梦龙的《东周列国志》中记载："又有周人所进猛犬，名曰灵獒，身高三尺，色如红炭，能解人意。左右有过，灵公即呼獒使噬之。獒起立啮其颡，不死不已。有一奴，专饲此犬，每日啖以羊肉数斤，犬亦听其指使。"

藏獒（［清］郎世宁 绘）

春秋战国时期《尔雅·释畜》中有记载说："狑、猲獢犬，四尺为獒"，而《博物志》有载："周穆王有犬，名耗，毛白。晋灵公有畜犬，名獒；韩国有黑犬，名卢，犬四尺为獒。"说明周以后，藏獒已广为帝王将相所豢养。如《左传·宣公二年》记载，晋灵公嗾使獒欲杀良将赵盾，赵答道："君之獒，不若臣之獒也。"可见，在春秋时代，藏獒就早已传播开来，古时统治者把藏獒当作护卫犬。

公元前160年左右，传说中的吐蕃第八代赞普直贡赞普被侍卫官罗昂刺死。罗昂随后篡夺赞普王位。直贡赞普的妻兄天奔波师为了复仇，用十头牦牛换回了一只漂亮而凶悍的藏獒，在其身上涂了剧毒毒药，让其跑到罗昂面前。罗昂情不自禁抚摸这只藏獒，结果中毒身亡。

早在公元前，腓尼基人就从中亚细亚将藏獒引入英国，因其凶猛无敌，与熊、狮搏斗，以供高官贵族欣赏。后来，英国入侵意大利，把该犬作为军犬驯养，并在罗马一战成名，被誉为"无敌神犬"，此后，经过改良和培育，成为现在的英国獒犬。

唐朝时期，因为西藏名为"吐蕃"，所以把他们的犬称之为"蕃狗"。又由于藏族源于古羌族，藏獒还被称为"羌狗"。

到了清朝清乾隆年间，陪同西藏班禅大师东进的清政府驻藏都统傅清进将一只藏獒带到北京，立即引起朝野轰动。朝野上下都为该藏獒的英姿、气势而赞叹。为此在清王朝供职、专为乾隆皇帝画像的意大利画家郎世宁受乾隆旨意，为该神犬作画。画中藏獒遍体通红，气薄云天。该画卷因而成为世界名作，现珍藏于台北故宫博物院。

在西藏地区还保留农奴制的时代，数量不多、价格昂贵的藏獒是一种奢侈品。之所以会出现神坐着藏獒从天而降的传说，并不只是因为藏獒形象文雅漂亮才享有坐骑特权的，而是因为藏獒原来在藏区是被禁止买卖的，因而寻常不容易见到。

藏獒头大而方，额面宽，眼睛黑黄，嘴短而粗，嘴角略重，吻短鼻宽，舌大唇厚，颈粗有力，颈下有垂，形体壮实，听觉敏捷，视觉锐利，前肢五趾尖利，后肢四趾钩利，犬牙锋利无比，耳小而下垂，便于收听四方信息，尾大而侧卷。藏獒全身被毛长而密，毛色以黑色为多，其次是黄、白、青和灰色，四肢健壮，便于奔跑，动如豹尾，搏斗助攻，令敌防不胜防。一只纯种成年藏獒重60公斤左右，强劲凶猛，即使休憩，其形亦凶相。

善犬：助人为乐

义犬报恩虽然是传说中的故事，不过在日常生活中，一些犬类经过训练后，真的可以帮助一些特殊的人，也被人们归到工作犬这一大类中。

金毛寻猎犬被称为残障人士之友。金毛寻猎犬（Golden Retriever），又叫金毛犬、黄金猎犬、黄金拾猎犬，雄性肩高56—61厘米，雌性51—56厘米；雄性体重29—34公斤，雌性25—29公斤；原产地苏格兰，最初作为猎犬使用，现在多用作导盲犬和宠物犬。在19世纪初，一位苏格兰贵族用金黄色的拉布拉多寻回犬、爱尔兰赛特犬和已经绝迹的拉布水猎犬交配，培育出这种金黄色的长毛寻回犬。该类犬身上被有双层金黄色长毛，底层柔软，外层防水，颈部、背部、大腿和尾巴几部分的长毛比较浓密，略呈波浪状。金毛寻猎犬温和、顺从，和拉布拉多犬、哈士奇并称三大无攻击犬类之一。它是很好的工作犬，能帮助猎人捕猎，帮助警察破案，经过训练后也能进行

金毛寻猎犬（Carl Reichert 绘）

搜救工作。同时，它还能充当失明者的眼睛、失聪者的耳朵，是名副其实的残疾人士之友。金毛犬形象佳，参演了很多电影，包括《007神犬小特务》《神犬也疯狂》等。

英国指示犬（Pointer），又叫向导猎犬、波音达猎犬，雄性肩高60—72厘米，雌性58—66厘米；雄性体重25—34公斤，雌性20—30公斤；原产地英国，最早的记录出现在1650年的英国文献中，属于大型枪猎犬。枪猎犬又叫运动犬，可分为三大类：寻回犬、猎鹬犬和指向犬。指示犬属于最后一种，它具有灵敏的嗅觉，善于奔跑，

指示猎犬（Fuertes Louis Agassiz 绘）

动作敏捷，耐力持久，是猎手们最喜爱的犬种之一。当它闻到猎物的气味时，会向狩猎者发出信号，抬起一只前脚指向猎物的方向。它也能适时惊吓猎物起飞或逃跑，将中枪的猎物衔回主人处。为了改良指示犬动作缓慢、嗅觉迟钝的特点，人们在其身上加入寻血猎犬、灵缇和英国猎狐犬的血统，培育出了现在的英国指示猎犬，继而传到世界各地。指示犬具有平静的气质、警惕的个性、敏锐的反应，既适合作为家庭伴侣，也适合在野外活动。不过，它们天生爱跑，有强烈的狩猎嗜好，对于非猎人来说是很难驾驭的。

圣伯纳犬（Fuertes Louis Agassiz 绘）

圣伯纳犬（St. Bernard），也叫阿尔卑斯山獒犬，肩高70—90厘米，体重65—120公斤，原产地瑞士、意大利和法国，属于看护犬。公元1—2世纪，罗马士兵入侵瑞士，所带的亚洲古獒和当地犬杂交，从而形成了圣伯纳犬。圣伯纳犬是一种大型的工作犬，后来被带到阿尔卑斯山的圣伯纳修道院。它们利用发达的嗅觉，在暴风雨中识路，从事山难救援，帮助了许多无力自救的人们。当它们发现了遇难者，就会卧下给他取暖，并舔他的脸部使其恢复知觉，然后带他回去。圣伯纳犬因此声名大振，也因修道院而得名。原来的圣伯纳犬都是短毛的，但是在18世纪，为了防止近亲繁殖带来的缺陷，人们用纽芬兰犬和它们杂交，生下了长毛的圣伯纳犬。长毛在风雪中结冰后变得沉重，不适合执行救援任务。现在的圣伯纳犬大多是杂交品种，它们仪表堂堂，十分温顺。不过，圣伯纳犬是宠友们公认的"口水王"。

纽芬兰犬（Newfoundland），雄性约肩高71厘米，雌性约66厘米；雄性体重65—80公斤，雌性55—65公斤；原产于加拿大的纽芬兰和拉布拉多，可用作看护犬。它属于大型工作犬，最初由渔民从欧洲大陆带来的獒犬和当地犬交配而诞生。它身披双层防水毛，毛发厚重而夸张，能抵抗冬天和冰水的严寒；骨骼沉重，肌肉结实，能够应对翻腾的海浪和猛烈的潮汐；脚大而有蹼，可在泥沼、海滩上行走。加上天生的游泳技能，它能在水里执行营救任务，因而被称为水中的圣伯纳犬。此外，它还能拖拉渔网，牵引小船靠岸，递送牛奶和驮运货物。它强壮有力，性格温顺，忠于主人，堪称是温柔巨兽。不过，由于怕热和活动量大，它也爱流口水。如今，圣约翰（纽芬兰省会）的许多港口游船都配备一条纽芬兰犬，既是当地文化的展示，也是为了游客的安全。

纽芬兰犬（Vero Shaw 绘）

博美犬：泰坦尼克号的幸存者

　　还记得《泰坦尼克号》沉没的巨轮吗？影片以1912年泰坦尼克号邮轮在其处女航时触礁冰山而沉没的事件为背景，描述了处于不同阶层的两个人——穷画家杰克和贵族女露丝抛弃世俗的偏见坠入爱河，最终杰克把生命的机会让给了露丝的感人故事。泰坦尼克号海难为和平时期死伤人数最惨重的海难之一，船上1500多人丧生，然而有两只博美犬和主人幸运地活了下来。

　　博美犬（Pomeranian），全名哈多利系博美犬，又叫波美拉尼亚犬、松鼠犬，是德国狐狸犬的一种，肩高22—28厘米，体重1.9—3.5公斤，原产地德国，适合当看护犬、玩赏犬、伴侣犬。它长着狐狸般的小脸蛋，肢体紧凑，背部短矮，被有双层毛发，松软浓密、蓬蓬松松，以白色和棕色的居多，看上去如同一个圆碌碌的绒球；尾巴的位置高，在背上向前卷曲，像一个蒲公英伞球。在18—19世纪，博美犬是许多英国皇族的伴侣犬，不过那时它的体型比现在还要大

博美犬（Maud Earl 绘）

一倍。博美犬大都警戒性高，经常吠叫，别看它体型小，叫声却尖锐、嘹亮，完胜许多大型犬。因此，它是相当好的警戒看门犬，只要有个风吹草动，就会发出惊人的声响提示主人，不过它也只能当警戒看门犬，不具威胁性的攻击力，毕竟它的体型实在太小了。

四

名人与犬

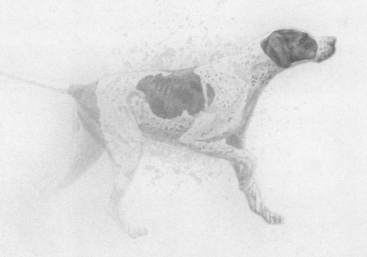

狗是最古老的驯化动物之一，人类依靠狗来帮助他们打猎、放牧牲畜和看家护院。在这期间，人类和狗建立了最深厚的感情纽带。狗与人之间相处了上万年，与人的故事也流传了上万年。

狗在中国的历史上出现的时间很早，据考古发现，狗的遗骸早在一万年前就已经存在。华夏之初，中国就有关于犬的记载。《卜辞》中，"狩"字即为"兽"，"从犬"，用以"田猎"。《诗经·秦风》中有"游于北园，四马既闲。辑车鸾镳，载猃歇骄"的句子，描述秦襄公打猎归来，车中载有小猎犬的场景。《周礼·天官》载："疱人掌六畜"，周朝设犬人官职，专司相犬、牵犬以供祭祀。春秋战国时期，产生了名犬"韩卢""宋鹊"。汉武帝爱犬，建"犬台宫"，又设"走狗官"。西汉王侯有名刘狗的，东汉襄邑侯名胡狗。到了西晋，傅玄的《走狗赋》写道："骨相多奇，仪表可嘉；足悬钩爪，口含素牙；首类骧螭，尾如腾蛇；修颈阔腋，广前捎后；丰颅促耳，长叉缓口；舒节急筋，豹耳龙形……势似凌青云，目若泉中星……既迅捷其无前，又闲暇而有度"。《六畜相法》《杂五行书》都是教人如何识狗、选狗。唐王爱犬设狗坊。宋代大文豪苏东坡也是左牵黄，右擎苍。清朝，雍正帝勤政之余，十分喜欢玩宠物狗，他最喜欢的两只狗叫作"造化狗""百福狗"……近代，鲁迅先生笔下的狗相，可谓入木三分。

西方狗文化也是历史悠久，可一直上溯到荷马时代：当奥德修斯历经曲折，终于重返故乡伊瑟佳岛，因为隐瞒身份，不能和他的老狗阿尔戈斯相认。老猎犬终于等到旧主回家，它抬了抬眼皮，略摇一下尾巴，然后咽了气。眼见这一幕，退役还乡的特洛伊战争英雄只能强忍眼泪。1世纪左右，古罗马的农学家克路美拉在《论农业》中赞扬了牧羊狗和看门狗。古罗马人曾写下了关于如何管理狗的正式说明，从而有了各种分工不同的狗：看门狗、牧羊犬、运动型犬（分为战犬、嗅猎犬、视觉型嗅猎犬）。波斯人很尊敬狗，在其圣书《温迪达》中，坚持认为即使是流浪狗也应受到妥善对待。近代，欧洲更是产生了诸多名人与犬的故事。英国女王维多利亚从小就很喜欢狗，当她十九岁加冕成为女王后，回到白金汉宫的第一件事，便是替爱犬洗澡。查理二世不仅将爱犬豢养在寝宫里，每天例行带到公园散步，甚至还颁布一道法令，允许它们自由进出国会。阿道夫·希特勒，私底下最宝贝的密友，便是他的爱犬；世界名曲《小狗圆舞曲》（*Minute Waltz Op. 64/1*）便是钢琴诗人肖邦借助明朗轻快的旋律，生动地谱出小狗追着尾巴团团转的情景，而这首曲子的

肖邦和狗（Farbdruck 绘）

诞生，也正透露出肖邦对宠物狗的无限好感。19世纪大多数写狗的作家都是上层人士，他们把本国优于他国、上层阶级优于下层阶级、男人优于女人、白人优于有色人种的价值观投射给书中的狗。到了20世纪，美国的小说家们开始以维多利亚时期的狗为原型，把狗与健康、和谐的家庭生活联系起来，歌颂美好、淳朴年代传统的价值观。为何这么多名人爱犬？

经典小说《佛兰德斯的狗》的作者奥维达解释，伟人都喜欢养狗是因为"他们发现这个世界上充满了寄生虫、献媚者、骗子、乞怜者和伪君子；狗不变的坦诚、忠诚、高尚，就像沙漠中的水对于干渴的路人一样重要"。

《诗经》中的犬

　　《诗经》是中国古代最早的一部诗歌总集，全面地展示了中国周代时期（西周至春秋中期）的社会生活，真实地反映了当时的社会风貌。《诗经》中提到的动物很多，作为和人类相伴的犬，自然也少不了。《诗经》中有多处描写犬，它们有的用以狩猎，有的用以言情，有的传递爱慕。由此可见，犬在当时人民生活中有着重要的地位。

《秦风·驷骥》

　　《秦风·驷骥》中描写了秦襄公狩猎归来的场景，仅三章十二句四十八字即已写尽狩猎全过程，却同样使人觉得威武雄壮，韵味无穷，这便是《诗经》之妙。狩猎自然少不了猎犬，而秦襄公对待猎犬的态度，实在是耐人寻味。后世狩猎，多半是左牵黄，右擎苍，让犬随着马儿奔跑，以壮声势。而秦襄公却"辑车鸾镳，载猃歇骄"。

双犬图（明宣宗朱瞻基 绘）

这里的辎车是一种轻便车。《周礼·校人》："田猎则帅驱逆之车。"辎车的作用就是围驱猎物，供猎者缩小包围。辎车上坐的什么人呢？车上坐的不是别人，正是狩猎的功臣——猃和歇骄。这里猃正是长嘴的猎狗，歇骄是指短嘴的猎狗。那些捕猎时奋勇追捕猎物的各种猎狗都在辎车上休息蓄力。至于猃和歇骄究竟是何种犬，现在已经无从考证，不过可以看出那时候对于猎犬的重视。

　　秦国自古便有尚武之风，当时打猎绝不仅是高级的休闲娱乐，而是一项重大的活动，以此提高战斗能力，如同后世清朝入关后，依旧不忘狩猎之风。秦襄公对猎犬的态度，也是秦之重武的侧面反映。当时的猎犬，如同战马一样非常名贵，自然爱惜。

国风·秦风·驷驖

驷驖孔阜，六辔在手。公之媚子，从公于狩。

奉时辰牡，辰牡孔硕。公曰左之，舍拔则获。

游于北园，四马既闲。辖车鸾镳，载猃歇骄。

《召南·野有死麕》

和上首帝王打猎不同，《野有死麕》是《国风·召南》中的一篇，是一首优美的爱情诗。这是描写一对青年男女恋爱的诗。一名男子在郊外丛林里遇见了一位温柔如玉的少女，就把猎来的小鹿、砍来的木柴用洁白的茅草捆起来作为礼物送给她。郎有情，妾有意，男子急不可耐，走近女子，正在此刻，响起阵阵狗吠。

林间美妙的约会却受到龙的打扰，这里的龙是一只多毛的狗，为女子所养。狗儿不解男女之情，它看见男子对主人动手动脚，护主心切，连声吠叫。女子怕狗吠惊动他人，连声劝说男子，不要心急，不要惊动狗儿，惹得其汪汪大叫。狗吠之妙，恰到好处地表现出了男子的急切、女子的矜持。也可以看出，那个时期，人们就将狗视为好友。

国风·召南·野有死麕

野有死麕，白茅包之。有女怀春，吉士诱之。

林有朴樕，野有死鹿。白茅纯束，有女如玉。

舒而脱脱兮，无感我帨兮，无使尨也吠。

《齐风·卢令》

这篇主要是赞美男子的本领和美德。猎人带着猎犬出猎，品德仁慈，卷发美髯，具有长者之相。卢为黑毛猎犬，此处的猎犬乃是烘云托月，引出猎人，又烘托猎人的美德，以犬比人。不过，关于此篇诗旨，历来看法不一。有人认为，这是讽刺齐襄公好田猎，不修民事，百姓苦之。还有观点认为，这是一首单纯的爱情诗歌，是说女子对于男子的赞美和爱慕。从地点来看，"齐风"是为先秦时代齐国地方民歌。至于是讽刺还是爱慕，关键还得看"狗"。如果有人说你是哈巴狗，这十有八九是讽刺，而如果被形容为"獒"则极有可能是赞美。那么这"卢"是何种犬呢？

这个"卢"可谓大有来头，《战国策·齐策》说"韩子卢者，天下之疾犬也"；《秦策》中也有记载"譬若驰韩卢而逐蹇"。这里卢犬是闻名各国的名犬。哪里有用名犬讽刺人的呢？

国风·齐风·卢令

卢令令，其人美且仁。

卢重环，其人美且鬈。

卢重鋂，其人美且偲。

《小雅·巧言》

《毛诗序》云:"《巧言》,刺幽王也。大夫伤于谗,故作是诗也。"兔子在古代是一种狡猾的动物,狡兔与巧言之人,正好相符合。耐人寻味的是"跃跃毚兔,遇犬获之",狡猾的兔子,遇见猎犬,立即被擒获。此处与上篇如出一辙,也是用犬来比人,并且依旧是正面的形象。

小雅·巧言

悠悠昊天,曰父母且。无罪无辜,乱如此帆。

昊天已威,予慎无罪。昊天大帆,予慎无辜。

乱之初生,僭始既涵。乱之又生,君子信谗。

君子如怒,乱庶遄沮。君子如祉,乱庶遄已。

君子屡盟,乱是用长。君子信盗,乱是用暴。

盗言孔甘,乱是用餤。匪其止共,维王之邛。

奕奕寝庙,君子作之。秩秩大猷,圣人莫之。

他人有心,予忖度之。跃跃毚兔,遇犬获之。

荏染柔木,君子树之。往来行言,心焉数之。

蛇蛇硕言,出自口矣。巧言如簧,颜之厚矣。

彼何人斯?居河之麋。无拳无勇,职为乱阶。

既微且尰,尔勇伊何?为犹将多,尔居徒几何?

杨贵妃猧子乱局

　　并非只有现代人才会赶时髦来饲养名犬，或养只宠物来相伴、玩耍，古人也是会饲养宠物的。早期宫廷饲养的犬种大多是勇猛的猎犬，而汉代宫廷更是以饲养大型犬为主，汉武帝还专门饲养斗犬，并建造"犬台宫"进行斗犬比赛。在唐代以前，关于宠物狗的记载很少，而他国进贡的名犬或稀有动物，更是会成为吸引帝王注目的珍宝。说到宫廷中的爱狗者，那可真的不得不提杨贵妃。

　　杨贵妃养的雪白爱犬，就是康国（现今乌兹别克斯坦撒马尔罕一带）进贡的。据《玄宗起居注》记载："帝赠贵妃二狗，雄者名窝，雌者名狸，每有宠幸贵妃之时，常调侃曰：'窝狗日狸。'"其中一只雪白的猧子挺聪慧的，深得贵妃喜爱。据说被呈献到了贵妃面前后，就再也没离开过贵妃娘娘的身边。无论是吃饭、睡觉或闲逛，杨贵妃几乎都抱搂着它，或让它坐在自己的腿上，不愿让它四肢落地行走。

唐人宫乐图（作者不详）
（仕女们饮茶的桌子下面有一只宠物狗静悄悄地趴着）

　　这只康国猧子还衍生出一段知名的典故——"康猧乱局"。据晚唐段成式的笔记小说《酉阳杂俎》中载："上夏日尝与亲王棋，令贺怀智独弹琵琶，贵妃立于局前观之。上数子将输，贵妃放康国猧子于坐侧，猧子乃上局，局子乱，上大悦。"说的是玄宗天宝年间（742—756年）的一个夏天，玄宗与一王公对弈，杨贵妃怀抱康园猧子在一旁观棋。在一旁观看的贵妃生怕玄宗输了，心生一计，就让猧子跳上棋盘去搅乱。这猧子还真够灵性的，竟真的打乱了棋局，免除了帝王输给亲王这种会丢面子的局面，难怪杨贵妃如此受宠爱。之后，五代王仁裕的《开元天宝遗事》也多有记载。

　　那么杨贵妃宠爱的康国猧子究竟是什么犬种？

簪花仕女图（［唐］周昉 绘）

　　唐代画家周昉的《簪花仕女图》上所出现的两只宠物狗，很可能就是"康国猧子"。根据《旧唐书·高昌传》记载："又献雌雄狗各一，高六寸，长尺余，性甚慧，能拽马衔烛，云本出拂菻国。中国有拂菻狗，至此始也。"这表明高昌王曾经向唐王朝进献一对拂菻犬。这里透漏：一、早在唐代便有拂菻犬的称谓；二、这是此犬入唐的最早记载，来源于拂菻国。而拂菻犬就是马耳他犬的别称。那时的拂菻又叫大秦，指的是东罗马帝国。日本白鸟库吉认为"康国猧子"即拂菻狗的一种。从形象上看也确实更像猧子，故拂菻狗也称宫廷猧子狗。

　　1972年在新疆阿斯塔纳187号古墓出土了一幅唐代绢画《双童图》，描绘了两个正在草地上玩耍的儿童，其中一个儿童左手抱着一只黑白相间的拂菻狗。从墓志铭分析，墓主张礼臣（655—702年）是高昌望族、著名的高昌左卫大将军张雄之孙，这是目前知道的最早和拂菻狗相关的画像，画中的小狗就是拂菻犬。

双童图（作者不详）

陈寅恪说:"《太真外传》有康国猧子之记载,即今外人所谓'北京狗',吾国人呼之'哈巴狗'。"据历史学家陈寅恪的研究考证,这只"康国猧子"即是外人所说的"拂菻狗""北京狗",中国人所说的"哈巴狗"。

义犬报恩：从干宝到蒲松龄

中国流传着义犬报恩的故事，在这些作品中，狗是通晓人性的，可以为了主人舍生取义，它们被称为义犬。唐代贯休的《行路难》诗之四："古人尺布犹可缝，浔阳义犬令人忆。"宋代洪迈的《容斋随笔·人物以义为名》记载："禽畜之贤，则有义犬、义乌、义鹰、义鹊。"从早期干宝的《搜神记》到蒲松龄的《聊斋志异》都详细地描述了义犬报恩的故事。

《搜神记》是一部记录古代民间传说中神奇怪异故事的小说集，作者是东晋的史学家干宝。其中的大部分故事在一定程度上反映了古代人民的思想感情。它是集我国古代神话传说之大成的著作，搜集了古代的神异故事共四百一十多篇，开创了我国古代神话小说的先河。据《搜神记》记载：

孙权时李信纯，襄阳纪南人也，家养一狗，字曰黑龙，爱之尤甚，行坐相随，饮馔之间，皆分与食。忽一日，于城外饮酒，大醉。归家不及，卧于草中。遇太守郑瑕出猎，见田草深，遣人纵火爇之。信纯卧处，恰当顺风，犬见火来，乃以口拽纯衣，纯亦不动。卧处比有一溪，相去三五十步，犬即奔往入水，湿身走来卧处，周回以身洒之，获免主人大难。犬运水困乏，致毙于侧。俄尔信纯醒来，见犬已死，遍身毛湿，甚讶其事。睹火踪迹，因尔恸哭。闻于太守。太守悯之曰："犬之报恩，甚于人，人不知恩，岂如犬乎！"即命具棺椁衣衾葬之，今纪南有义犬墓，高十余丈。

故事讲述的是三国时有个人叫李信纯，他家养了一条狗，名叫"黑龙"，为了营救被火烧身的主人，黑龙就跑进溪水中浸湿身体，用自己身上的水洒在主人身上，这才使得主人避免了大难。狗因为太疲乏了，累死在主人的身旁。李信纯活了，黑龙死了。太守十分怜悯这条狗，说："狗的报恩胜过人！人如果不知道报恩，还比不上狗。"于是就叫人备办了棺材衣服把狗安葬了。

之后，唐朝冯贽的《云仙杂记》也记载了义犬救人的故事："会稽人张然，滞役，经年不归。妇与奴私通，然养一狗，名曰'乌龙'。后然归，奴惧事觉，欲谋杀然，狗注睛视奴，奴方兴手，乌龙荡奴。奴失刀仗，然取刀杀奴。"大意为晋朝会稽人张然家里养了条狗，名叫"乌龙"。张然因公外出，一年多没回家。其妻与家中仆人私通。

张然在外，自然不知妻子红杏出墙，但这一切都被乌龙看在眼里。张然办完事回到家后，逐渐察觉仆人和妻子的关系颇不正常，仆人担心"外遇"之事泄露，便与张妻合谋，欲杀害张然。某日，仆人趁张然酒后熟睡之机，持刀进入张然卧室行刺。哪料想，此时乌龙突然闯了进来，蹲在张然的床榻旁，虎视眈眈地盯着仆人。仆人刚欲举刀行凶，乌龙一声狂吠，旋风一样扑上去，一通狂咬，将仆人咬得伤痕累累。被惊醒的张然目睹人犬相搏的情景，心中已完全明白。他怒气冲冲地捡起地上的刀，将仆人杀死。"乌龙救主"的故事被传为佳话，写入书册。"乌龙"便成为义犬的代名词。唐代诗人白居易诗云："乌龙卧不惊，青鸟飞相逐。"李商隐也有诗提到乌龙："遥知小阁还斜照，羡杀乌龙卧锦茵。"

宋代《太平广记》中记录到义犬"的尾"的故事。《太平广记》是古代文言纪实小说的第一部总集。全书500卷，目录10卷，取材于汉代至宋初的纪实故事及道经、释藏等为主的杂著，属于类书。《太平广记》中有一篇名为"义犬救主"："华隆好弋猎。畜一犬，号曰'的尾'，每将自随。隆后至江边，被一大蛇围绕周身。犬遂咋蛇死焉。而华隆僵仆无所知矣。犬彷徨嗥吠，往复路间。家人怪其如此，因随犬往。隆闷绝委地。载归家，二日方苏。隆未苏之前，犬终不食。自此爱惜，如同亲戚焉。"这里讲述的是主人被蛇咬伤、义犬"的尾"回家报信救下主人的故事。

清朝蒲松龄的《聊斋志异》，名为《义犬》的有两篇。一篇出自卷五，一篇则是卷九。前者讲述义犬以生命守候主人钱财的故事。后者讲述贾某救下一只犬，而危机时刻，被救之犬报恩于他的故事。

卷五原文如下：

　　潞安某甲，父陷狱将死。搜括囊蓄，得百金，将诣郡关说。跨骡出，则所养黑犬从之。呵逐使退。既走，则又从之，鞭逐不返，从行数十里。某下骑，乃以石投犬，犬始奔去。视犬已远，乃返辔疾驰，抵郡已暮。及扫腰囊，金亡其半，涔涔汗下，魂魄都失，辗转终夜，顿念犬吠有因。候关出城，细审来途。又自计南北冲衢，行人如蚁，遗金宁有存理！逡巡至下骑所，见犬毙草间，毛汗湿如洗。提耳起视，则封金俨然。感其义，买棺葬之，人以为义犬冢云。

卷九记载：

　　周村有贾某，贸易芜湖，获重资。赁舟将归，见堤上有屠人缚犬，倍价赎之，养豢舟上。舟人固积寇也，窥客装，荡舟入莽，操刀欲杀。贾哀赐以全尸，盗乃以毡裹置江中。犬见之，哀嗥投水；口衔裹具，与共浮沉。流荡不知几里，达浅搁乃止。犬泅出，至有人处，猎猎哀吠。或以为异，从之而往，见毡束水中，引出断其绳。客固未死，始言其情。复哀舟人，载还芜湖，将以伺盗船之归。登舟失犬，心甚悼焉。抵关三四日，估楫如林，而盗船不见。适有同乡估客将携俱归，忽犬自来，望客大嗥，唤之却走。客下舟趁之。犬奔上一舟，啮人胫股，挞之不解。客近呵之，则所啮即前盗也。衣服与舟皆易，故不得而认之矣。缚而搜之，则裹金犹在。呜呼！一犬也，而报恩如是。世无心肝者，其亦愧此犬也夫！

黄犬识东坡

苏轼（1037—1101年），字子瞻，号东坡，四川眉山人，是中国历史上著名的大文豪，位列唐宋八大家，以豪放著称。虽然东坡写狗的诗句寥寥几首，不过这些"狗儿"却见证了苏大学士一生的坎坷。

黄狗焉能卧花心？

苏轼家学渊源，自幼勤奋学习，学识渊博，诗文并茂，二十岁时就中了进士。正当东坡春风得意之际，他和当朝宰相王安石政见相左。北宋神宗熙宁二年（1069年），王安石任参知政事，次年拜相，主持变法。苏轼是变法的反对者。当时的苏轼在宋朝登闻鼓院任职，这个登闻鼓院就是宋朝信访机构，负责接待社会各界来信上访。现在看来苏轼与王安石政见不同，无足轻重，私底下两大文人相争，才是我们这些凡夫俗子喜闻乐见的事情。

据说有一次，苏轼给王安石汇报工作，恰逢王安石不在。苏轼无意中发现王安石书房——乌斋的写字台上摆放着一首只写了两句还没有写完的诗："明月枝头叫，黄狗（另说五狗）卧花心。"苏轼一看，觉得明月怎能在枝头叫呢，黄狗又怎么会卧在花心上呢？苏东坡恰逢年少轻狂的年纪，哪里顾得上下属的关系，提笔就把诗句改为"明月当空照，黄狗卧花荫"，并自以为改得很妙。不料，王安石回来后，对苏轼改的诗句极为不满。

人说"宰相肚中能撑船"，不就是改改句子吗，按说王安石也不是心胸狭窄之人，不必为此生气。其实不然，苏东坡这次是聪明反被聪明误，他自以为改得很好，却全然不知王安石另有其意。王安石气得是他狂妄自大、自以为是。想必以当时的东坡学士的才气和自负，对王安石的"黄狗"诗句，那是一万个不服。其后，熙宁四年（1071年）苏轼上书谈论新法的弊病，王安石很愤怒，让御史谢景在皇帝跟前弹劾苏轼的过失。苏轼于是请求出京任职。

虽然，诗句上的切磋和苏轼政治上的升迁并未有内在的联系，不过"黄狗卧花心"却成了东坡先生一生的愧疚，只不过那个时候，他还没有领悟到内在的真谛。

左牵黄，右擎苍

离开京城后，苏东坡远离了权力核心，少了政治上的束缚，其豪放之气得以淋漓尽致地展现。苏东坡虽然是豪放派诗人的代表，但就词作而言，纵观苏轼的三百余首词作，真正属于豪放风格的作品却为数不多，仅有的几首大多集中在密州、徐州，或许那个时期是他一生中最为豪放的阶段。

东坡大学士并没有吸取上次"黄狗卧花心"的教训。他与王安石政见不合自愿请求外任，苏轼自杭州来到密州（山

猎犬图（[宋] 李迪 绘）

东诸城），任密州知州，此时他刚四十岁。如果说，之前还是书生意气，到达地方后，少了羁绊，更显得游刃有余，取得了一些政绩，赢得了口碑。东坡任密州知州期间，曾因天旱去常山祈雨，归途中他牵着黄狗，擎着苍鹰，与同官梅户曹会猎于铁沟，体会了一把田园狩猎。写了这首出猎词：

老夫聊发少年狂，左牵黄，右擎苍，锦帽貂裘，千骑卷平冈。为报倾城随太守，亲射虎，看孙郎。酒酣胸胆尚开张，鬓微霜，又何妨？持节云中，何日遣冯唐？会挽雕弓如满月，西北望，射天狼。

前程往事成云烟，以苏东坡之豪迈，早已淡忘"黄犬之事"，彼

时的黄犬早已不是他心中羁绊。此时的黄犬成为他狩猎的帮手，他要带它"亲射虎，看孙郎"。"居庙堂之高则忧其民，处江湖之远则忧其君"，此时东坡身在猎场，心忧疆场。当时西北边事紧张，西夏大举进攻环、庆二州，陷抚宁诸城。苏东坡何尝不想"会挽雕弓如满月，西北望，射天狼"？其后，苏轼《与鲜于子骏书》中曾说："数日前，猎于郊外，所获颇多，作得一阕，令东州壮士抵掌顿足而歌之，吹笛击鼓以为节，颇壮观也！"指的就是这首词。

黄犬悲晚悟

自北宋熙宁四年（1071年）任杭州通判以来，苏轼历任密州知州、徐州太守和湖州太守，政绩卓著。然好景不长，"左牵黄，右擎苍"的日子没能持续多久。北宋元丰二年（1079年），苏轼在湖州任上，因"乌台诗案"获罪入狱，次年元月，被流放至黄州。"乌台诗案"是苏东坡一生中的转折点，要不是大宋朝自太祖以来立下不轻杀士大夫的祖训，东坡大学士很有可能就一命呜呼了。劫后余生，苏大学士有了"黄犬悲晚悟"的感叹，诉说心中无尽的惆怅。

雨中过舒教授

苏轼

疏疏帘外竹，浏浏竹间雨。

窗扉静无尘，几砚寒生雾。

美人乐幽独，有得缘无慕。

坐依蒲褐禅，起听风瓯语。

客来淡无有，洒扫凉冠屦。

浓茗洗积昏，妙香净浮虑。

归来北堂暗，一一微萤度。

此生忧患中，一饷安闲处。

飞鸢悔前笑，黄犬悲晚悟。

自非陶靖节，谁识此闲趣。

　　"黄犬悲晚悟"典出《史记·李斯列传》：秦相李斯因受赵高陷害，于秦二世二年七月，被腰斩咸阳市。"斯出狱，与其中子俱执，顾谓其中子曰：'吾欲与若复牵黄犬俱出上蔡东门逐狡兔，岂可得乎！'遂父子相哭，而夷三族。"后来用"上蔡牵黄犬""思牵犬""黄犬悲""黄犬叹"等指蒙祸受害，后悔莫及，或用以写离开官场的自由生活。如：刘禹锡"无因上蔡牵黄犬，愿作丹徒一布衣"，白居易"故索素琴应不暇，忆牵黄犬定难追"，陆游"君不见猎徒父子牵黄犬，岁岁秋风下蔡门"皆用此典。

　　"乌台诗案"也成为苏轼精神上的转折，无论之前多少起起伏伏，颠沛流离，他依旧想要"乘风归去"，只是担心"琼楼玉宇"。然"乌台诗案"之后苏轼的诗词少有致君尧舜的豪放超逸，而是转向大自然"小舟从此逝，江海寄余生"，"一蓑烟雨任平生"，贯穿始终的"归去"情结。他深受佛家的"平常心是道"的启发，在黄州、惠州、儋州等地过上了真正的农人的生活，"狗吠深巷中，鸡鸣桑树颠"。

黄耳传书

元丰七年（1084年），苏轼离开黄州，奉诏赴汝州就任。由于长途跋涉，旅途劳顿，苏轼的幼儿不幸夭折。汝州路途遥远，且路费已尽，再加上丧子之痛，苏轼便上书朝廷，请求暂时不去汝州，先到常州居住，后被批准。人生低谷，唯有黄耳传递无尽的思念。

苏轼在《过新息留示乡人任师中》中写道："寄食方将依白足，附书未免烦黄耳。"这里面的黄耳是西晋陆机养过的一条狗。西晋灭吴之后，陆机到洛阳为官，黄耳常从吴地和洛阳之间往返传递书信，人来往需要五十多天，黄耳每次需要二十多天。《晋书·陆机传》记载了这个故事："初机有俊犬，名曰黄耳，甚爱之。既而羁寓京师，久无家问，……机乃为书以竹筒盛之而系其颈，犬寻路南走，遂至其家，得报还洛。其后因以为常。"祖冲之和任昉两人不同版本的《述异记》里面也都分别记录了这个小小的传奇。后来传递家信亦比作"黄犬书""黄犬寄书""黄犬传书"。

过新息留示乡人任师中（任时知泸州，亦坐事）

昔年尝羡任夫子，

卜居新息临淮水。

怪君便尔忘故乡，

稻熟鱼肥信清美。

竹陂雁起天为黑，

桐柏烟横山半紫。

知君坐受儿女困，

悔不先归弄清沘。

尘埃我亦失收身，

此行蹭蹬尤可鄙。

寄食方将依白足，

附书未免烦黄耳。

往虽不及来有年，

诏恩倘许归田里。

却下关山入蔡州，

为买乌犍三百尾。

黄狗真能卧花心

晚年时候，苏东坡被贬海南儋州，晚上常有一种鸟在树枝上叽叽喳喳地叫。他问："这是什么鸟？"当地人告诉他："叫明月鸟"，一说是山麻雀的俗名（另有说法是当地一种虫子）。苏东坡听后若有所思，若有所忆，他想起了王安石的"明月枝头叫"。

再说黄狗，流传下来两个版本。

一说，苏东坡获赦，北上经过广东廉州，他看见有个小孩手里拿着紫色的花朵，放在嘴边，一喊"黄狗、白狗罗罗"，便有几只小虫从花心里爬出来。东坡问："这是什么？"小孩道："就是黄狗、白狗罗！"苏东坡恍然大悟，长叹一声："唉，我真是孤陋寡闻，还是王安石见多识广啊。"

二说，苏东坡到海南儋州后，有一次，在昌江旷野间采到一种植物，五枚副花冠裂片甚似五只小狗围蹲在一起，这时他才恍然大悟，知道自己学识不足，不识五狗花，改错了诗。这个五狗花是一种俗称"五犬卧花心"的植物。"五犬卧花心"，又名牛角瓜，分布于热带的亚洲和非洲地区，这种花心里似蹲着五只小狗的植物属萝摩科，我国西南部和南部也有分布，又俗称断肠草、狗仔花。

不管哪种说法，苏东坡当年的诗是改得过于唐突，不禁感慨，世间之大，无奇不有。

咏诗赞"乌嘴"

元符三年（1100年），哲宗（赵煦）去世，徽宗（赵佶）继位，新太后（神宗皇后）摄政，苏东坡时来运转，因为这位神宗皇后看重苏东坡的文才，欲重新起用而召他回去。这一年，苏东坡已经六十三岁。获此消息，苏东坡十分高兴。狗通人性，他的一条爱犬"乌嘴"也因此高兴异常，表演各种引人发笑甚至令人惊奇的动作，逗得苏东坡诗兴大发，戏作了一首咏狗诗。

苏东坡的这首咏狗诗似乎没有题目，只有这么一个诗序："余来儋耳，得吠狗，曰乌嘴，甚猛而驯，随予迁合浦，过澄迈，泅而济，路人皆惊，戏为作此诗。"翻译过来："我来儋耳（今海南儋州），得到一条会吼叫的狗，名叫'乌嘴'，它非常勇猛而又驯良，跟随我迁徙合浦（今广西合浦），过澄迈（今海南澄迈县）时，从河中泅渡到达彼岸，路人见了都感到惊奇，我因此戏作了这首诗。"

苏东坡戏作的这首咏狗诗，共有二十句，全文如下：

> 乌喙本海獒，幸我为之主。
>
> 食余已瓠肥，终不忧鼎俎。
>
> 昼驯识宾客，夜悍为门户。
>
> 知我当北还，掉尾喜欲舞。
>
> 跳踉趁童仆，吐舌喘汗雨。
>
> 长桥不肯蹑，径渡清深浦。
>
> 拍浮似鹅鸭，登岸剧虓虎。
>
> 盗肉亦小疵，鞭箠当贳汝。
>
> 再拜谢厚恩，天不遣言语。
>
> 何当寄家书，黄耳定乃祖。

这首诗写得十分生动有趣，是苏大学士专门为狗而作，此狗荣幸之至，如此重要的写狗诗作，定要翻译成白话文："'乌嘴'你本是海南的一条大狗，有幸我成为你的主。你吃饱喝足已经十分肥壮，终于不必担忧被烹煮吃食。白天你谦恭地迎送相识的宾客，夜间勇敢地看家护院。知道我将要北还，你摇动尾巴欢喜得欲翩翩起舞。乘机跳跃与童仆嬉戏，弄得吐舌喘气汗如雨。你过河不肯走长桥，径直从又清又深的河中泅渡。拍浮水面如同鹅鸭，登岸时表演得像只吼叫的老虎。盗肉是你的一个小缺点，不加鞭打将你赦免是我大度。你一再拜谢我的厚恩，只是天生不会话语。我多么想给你寄封家书但不知寄给谁较为适当，黄耳朵的狗想必是你祖。"

懂事而又顽皮的"乌嘴"（因嘴黑而得名）遇到这么一个心地善良的主人，算是"福星高照"。苏东坡当时迁徙合浦并非长住，而是路过。他于建中靖国元年（1101年）北返，六月十五日由靖江上溯运河，向常州进发。饱经磨难的苏东坡到了常州居地以后，因病卧床不起，七月十五日病情急剧恶化，七月二十八日与世长辞，享年六十四岁。

康熙父子的爱犬

　　康熙皇帝文武双全，爱好打猎，养有名犬。相传一次打猎中，康熙帝的一只犬打败了"惊驾"的猛兽，后来康熙帝便让御用画师郎世宁为爱犬画下了《十骏犬图》。这里的十骏可不是十匹骏马，而是十条名犬，如今珍藏在台北故宫里。郎世宁（1688—1766年）是意大利米兰人，1715年，他来到我国传教，被皇帝召入宫内供奉，历任康熙、雍正、乾隆三朝宫廷画师，也是北京圆明园西洋楼建筑设计师之一。郎世宁的《十骏犬图》，画了十条高贵的名犬，分别命为："霜花鹞""睒星狼""金翅猃""苍水虬""墨玉璃""茹黄豹""雪爪卢""蓦空鹊""斑锦彪"和"苍猊"。

　　郎世宁所画的动物，与传统中国绘画中的动物有很大的差别，他深谙动物的解剖结构，所以描绘的动物形象非常准确，很得乾隆皇帝的青睐。"十骏犬"在他笔下被描绘得栩栩如生、惟妙惟肖。有的在行走，有的正坐卧，有的在回眸与树上的喜鹊对视，有的在低

① 霜花鹞　⑥ 茹黄豹
② 睒星狼　⑦ 雪爪卢
③ 金翅猃　⑧ 蓦空鹊
④ 苍水虬　⑨ 斑锦彪
⑤ 墨玉璃　⑩ 苍　猊

（［清］郎世宁 绘）

头嗅地上的气味以便确认自己的"领地"，还有的在梳理身上的皮毛……个个活灵活现，观之有呼之欲出之感。仔细看，前九条狗都属小头长吻、腰腹收缩、四肢细劲那类品种，最后那条威猛的大狗，应当是藏獒。从画面上所题写的字句来看，这些名犬，大都是周边各个部落的首领或地方官进献给皇帝的。

那么这些犬都是什么品种呢？

郎世宁的画作，虽然不是现代意义上的生物科学绘画，但是写实非常强，可以根据画像和年代推测出狗的品种。这十条犬里面最后一只最好认识，为獒。其他九条犬，虽然颜色各异，但是体型特征明显——嘴尖、腰细、腿细、脖子细，还有一点这是狩猎的犬类，由此推测这九条当属中国细犬。

细犬是一种古老的中国犬种和猎犬，也是二郎神的哮天犬的原型。中国细犬（简称细犬）是中国古老的狩猎犬种，分为山东细犬、陕西细犬和蒙古细犬三大类。细犬又称"中国疾犬"，北方称为"疾犬"，南方称为"快犬"。体高约30厘米，体重4—5公斤，最典型的特征是细：腰细、腿细、脖子细。细犬是名副其实的细，从头部到身体，到四肢，都没有一丝多余的赘肉。"头如梭，腰如弓，尾似箭，四个蹄子一盘蒜。"这是中国传统上对于一只好的细犬的标准。细犬可以说是世界上跑得最快的犬类之一，说它跑起来像离弦的箭一点儿也不夸张，它们的时速可以达到60公里，凶猛擅捕。

现在已经无法考证细犬起源在哪里了。但是细犬在中国的历史里存在了很久。从神话传说二郎神的哮天犬的原型到郎世宁笔下的狗，它已经是我们历史文化中的一部分了。在陕西，有一种著名的民俗活动叫作"细狗撵兔"，以前是一种狩猎形式，现在成了一种娱乐方式，就是在秋季带着一群体型矫健的细犬去追猎兔子。细犬大多为视觉性猎犬，依靠强劲的速度和锐利的视觉锁定猎物而追逐，也可以依靠敏锐的嗅觉搜索藏在洞穴或柴垛里的野兔。细犬不适合山区狩猎，一望无际的平原才是它们纵横的疆场，比如八百里秦川、鲁西北平原等。

当前，细犬在中国的处境十分尴尬，随着狩猎的减少，细犬的工作作用已经被弱化。与此同时，国外的猎犬品种大量进入中国，细犬受到同类群犬灵缇、惠比特犬的强烈冲击。在赛犬中，灵缇早已是世界闻名的犬类，但细犬还从来没有走出国门。希望这种中国古老的猎犬能够在这些爱着它们的人的帮助下重放光芒，走出国门，走上世界的赛场，让每一个人都知道它们的名字。

雍正皇帝荣宠北京狗

周有犬人，汉有狗监，说明狗很早就进入了中国宫廷，成为帝王们宠爱的动物。元明清时期，北京宫廷中均饲养大量宠物狗，其中又以中国特有的"北京犬"为代表。宫廷之外，养狗或为看家护院，或为纯粹赏玩，或为夸豪炫富，也形成了老北京一道独特的民俗风情。老北京历史上得以留名的，大都是出身高贵的狗。"北京犬"，也叫京巴犬、北京狗、宫廷狮子狗。

康熙爱犬，雍正有过之而无不及。清朝雍正皇帝甚爱京巴犬。崔普权查考清代内务府造办处档案发现，雍正在位期间，曾多次谕令造办处，制作狗窝、狗笼、狗衣、狗垫等，甚至亲自指定狗窝的尺寸、狗衣的用料、狗垫的样式。比如，雍正三年（1725年），就特地谕令造办处做两个外吊氆氇、下铺羊皮的狗窝；雍正五年，又传旨要求做一个直径二尺二寸、四周留有气眼、两边开门的圆形狗笼。而最受宠的两条犬更是分别得到了一件虎皮面蓝纺丝、一件绉绸衬白绫面的套头，且在套头画上眼睛、舌头等。

京巴犬究竟长什么样，有何来历，竟让雍正皇帝宠爱有加？京巴犬是一种小型宠物犬，它的脸部非常平，下巴、鼻子和额头处于同一平面，两只黑色的大眼睛间距较宽。鼻梁和鼻子周围有皱纹，不过完全被厚实的毛发覆盖着。毛色有多种不同的颜色。在现代犬展中，长毛犬更受欢迎。经过梳妆打扮后，它们甚至在威斯敏斯特犬展中赢得4次总冠军。因为身体结构的原因，京巴犬容易出现呼吸困难的问题。

北京犬是何时起源的？现在无从考证。考古发现表明，早在四千年前，青铜器中就出现了"北京犬"的绘图，对于其最早的记载则见于唐代。唐代皇帝去世后用此犬陪葬，以保护皇帝能重返来世。宋朝称之为罗红犬、罗江犬，元朝称之为金丝犬，而明、清两朝称之为牡丹犬。自有记载以来，京巴犬只允许皇族饲养，若有私自饲养则要判刑。因为长期限于帝后皇族和少数王公大臣玩赏，深禁于宫廷之中，所以北京犬历经数百年，却一直保持着相对纯正的血统。主要承担这一职能的，便是宫廷中专门负责北京犬饲养和育种工作的宦官。官吏对它也极其宠爱，甚至放入宽大的袖子中随身携带，因而它也被称为"袖犬"。

　　清代宫廷除在紫禁城御花园养狗外，还专门设有两个养狗处，一处设在东华门内东三所，称为"内养狗处"，"外养狗处"则设于东华门外南池子。在养狗处，有严格的饲养和育种标准。为了让北京犬达到"脸短、嘴平、鼻子外翻"的标准，管事太监们（狗监）经常用一根木棒，上面贴一片薄肉片，悬在狗前面。狗要想把肉片舔下来，必须使劲抿嘴，这样天长日久，自然就长成了标准长相。

鲁迅眼中的"狗相"

鲁迅的作品中写尽了狗相，如"乏走狗""洋狗""叭儿狗"等各种蕴含深意的狗形象，既构成了鲜明生动的艺术特征，也反映了"狗"这一类型形象在多个历史时期的精神特质。鲁迅先生形式上是在写"狗"，实际上是在写人；而写人，又确乎是在写"狗"。人与"狗"，"狗"与人，是那样巧妙地融合为一体，构成了一幅幅动人的图画，堪称文坛写"狗"之一绝。

鲁迅

《狂人日记》

翻开鲁迅的《呐喊》，在首篇的《狂人日记》中，就有狗的形象。日记一开始就显得十分惶恐：那赵家的狗，何以看我两眼呢？后来，他又看到"赵贵翁和他的狗……都探头探脑挨近来"。在这里，狗是狼的本家，狼是狗的变种。鲁迅先生痛恨狗，痛恨那些狗仗人势、欺压百姓的狗腿子。

《狗的驳诘》

《野草》写于"五四"后期，是鲁迅先生唯一的一本散文诗集。《狗的驳诘》是《野草》中的一篇，这篇文章巧妙地通过狗的"愧不如人"的反驳，以曲折幽晦的象征表达了20世纪20年代中期作者内心世界的苦闷和对现实社会的抗争。

我梦见自己在隘巷中行走，衣履破碎，像乞食者。一条狗在背后叫起来了。我傲慢地回顾，叱咤说："呔！住口！你这势利的狗！""嘻嘻！"他笑了，还接着说，"不敢，愧不如人呢。""什么！？"我气愤了，觉得这是一个极端的侮辱。"我惭愧：我终于还不知道分别铜和银；还不知道分别布和绸；还不知道分别官和民；还不知道分别主和奴；还不知道……"我逃走了。"且慢！我们再谈谈……"他在后面大声挽留。我一径逃走，尽力地走，直到逃出梦境，躺在自己的床上。

　　动物是不存在等级观念的，处于自然状态下的人也一样，鲁迅选择了狗作为人类的参照，巧妙地阐明了人类文明是一切不平等的起源的观点。文章中"我"由最初的傲慢到因惭愧而转身逃走，表现了鲁迅的自省意识。鲁迅借狗的话说："我终于还不知道分别铜和银；还不知道分别布和绸；还不知道分别官和民；还不知道分别主和奴；还不知道……"乍一看，这"狗"已经说得很到位了，"铜和银"象征金钱；"布和绸"代表身份；"官和民"区分权力；"主和奴"是地位的体现。鲁迅先生用狗的语言，把这个清单列出来之后，原来"金钱、身份、权力和地位"这四大块很容易造成一个人或一群人"变节"，在这四种强势诱惑情况下，人很容易就改变立场。中国有很多"经验"话："民不与官斗""官字两个口""衙门口冲南开，有理没理拿钱来""钱不是万能的，没钱是万万不能的""人在屋檐下，怎能不低头""识时务者为俊杰"等等。所以你看，这只狗上来"铛铛铛"把刺激人性的这四个强势诱惑和盘托出。那一声，"愧不如人"更是充满了无尽的嘲讽，怪不得人说鲁迅之文如匕首。

《狗·猫·鼠》

　　《狗·猫·鼠》是鲁迅《朝花夕拾》中的第一篇。我们先来看文章结构：第一段写的是现实，由现实中被人认为"仇猫"开始，剖析其"重要后果"。第二、三段，作者分析猫狗成仇的缘故，先是从理论上找原因，发现其不正确之处，分析自己"仇猫"与之不同。第四段，作者将人兽放到一起分析，对人类的小聪明进行鞭笞，说出自己为人之不得已为之。第五段，则分析自己仇猫之缘故：一二都和人类某些行为相关。第六段到结束，都是写自己童年与猫结怨的故事。鲁迅恨猫，他笔下的猫可恨之处在于和人身上某些行为一样，后几段则主要写"鼠"，"鼠"的可爱无辜，猫又隐于鼠之后。而标题中另一事物"狗"，则隐藏在文章背后。猫捉老鼠本是天经地义，然而不知是什么原因，猫渐渐地退出了历史舞台，取而代之的是狗。狗拿耗子再不是多管闲事了。

"谎狗"

鲁迅先生回击陈源对他的攻击、造谣，称其为"谎狗"。陈源和鲁迅结怨始于1925年的北京女师大学生风潮，当时双方互相笔战，闹得不可开交。在《西滢闲话》中，陈源批评学生罢课闹事，破坏了正常的学校秩序。有人造谣鲁迅剽窃又没有公开表达鲁迅剽窃，但是鲁迅的论敌陈源教授公开传播了这个谣言。那时代文人很注重个人名节，把文章剽窃看成奇耻大辱。所以鲁迅把这个蓄意传播谣言损害自己名声的人称作"谎狗"。

许多年之后，当真相浮出水面，鲁迅在书上写道："当1926年，陈源即西滢教授曾在北京公开对于我的人身攻击，说我的一部著作是窃取盐谷温教授的一部分。《闲话》里的所谓'整大本的剽窃'，指的也是我。现在盐谷教授的书早有了中译，我的书也有了日译，两国的读者有目共见，有谁指出我的'剽窃'来呢？呜呼，'男盗女娼'，是人间大可耻事，我负了十年'剽窃'的恶名，现在总算可以卸下，并将'谎狗'的旗子，回敬自称'正人君子'的陈源教授，倘他无法洗刷，就只好插着生活，一直带进坟墓里去了。"

杂文中的狗

鲁迅先生的杂文如匕首一般，针砭时弊，锋利无比。在鲁迅的有关杂文里，涉及"狗"的大体有"癞皮狗""野狗""鹰犬""叭儿狗"和"落水狗"……

鲁迅在《半夏小集》里坚定地表示："假使我的血肉该喂动物，我情愿喂狮虎鹰隼，却一点也不给癞皮狗们吃。"足见，鲁迅对"癞皮狗"痛恨到何等程度。在鲁迅眼中，"癞皮狗"的特点是"乱钻""乱叫"。单是"钻"与"叫"，已够使人"讨厌"，再加上一个"乱"字，就更让人为之切齿。这大约是指折断了脊梁骨的叛徒们的到处投书告密、助官捕人的罪恶活动，鲁迅对这种人称之为"一群癞皮狗"。

而"无人豢养，饿得精瘦"的"狗"，则成为"野狗"。作者用这一形象是实有所指的。《"丧家的""资本家的乏走狗"》中说："凡走狗，虽或为一个资本家所豢养，其实是属于所有的资本家的，所以它遇见所有的阔人都驯良，遇见所有的穷人都狂吠。"这对走狗的势利、无民族立场和国民情感的丑态做了生动的注解。

《小杂感》一文中，鲁迅先生专门有一节提及"叭儿狗"。什么是叭儿狗？鲁迅先生认为"叭儿狗往往比它的主人更严厉"，属于典型的狗仗人势。说狗也是说人，鲁迅借此讽刺那些反动文人狐假虎威的"叭儿狗"姿态。由此观之，《小杂感》虽"小"，却不失为一把锋利的匕首，精准而有力地刺中了症结之要害。《上海文艺之一瞥》中，鲁迅以"狼被驯服了，是就要变而为狗的"一句暗示了向培良对待革命态度的转变与其自身的软弱性、妥协性，揭发了"叭儿狗"的两面派手法，表面道貌岸然，实质仍是效力于"豢养它的主人"的，连那些"光明"地为主人卖力的走狗都比不上。

在《论"费厄泼赖"应该缓行》一文中，鲁迅以贴切的比喻，把当时被赶下台的北洋军阀头子段祺瑞等称为"落水狗"。这类狗的特性是在岸上"狂嗥"，"恣行无忌"，落水后，"忽而可怜"，一旦爬上岸来，就"耸身一摇，将水点洒得人们一身一脸，于是夹着尾巴逃跑了"，他日复来，"狗性不改"，"仍旧先咬老实人"。

《略论中国人的脸》中，"狼成为狗，野性是消失了，但只足使牧人喜欢，于本身并无好处"。狼失却的野性，就如同中国人脸上缺失的"兽性"，因为"久而久之，看惯了"，反而不自觉其残缺。它阐释了中国人失掉人性而逐渐被驯化的悲哀。鲁迅指出国民缺少如狼那样的血性与斗志而甘于做冷漠的看客，他们保守封闭、盲目自大地将理想的脸上的"多余"视为可以炫耀的东西，殊不知实则是将奴性与国民的劣根性毫无保留地直呈出来却毫不自觉。

《杂忆》中以"洋狗"的"特异的名称"代指没有民族立场的国人。不但以"狗"贬其卖国求荣的媚态，且冠之以"洋"这一用于标榜身价的看似风光实含讥讽的字眼，表达了作者对中国人崇洋媚外心理的极大批判、憎恨乃至唾弃。这种"转移"被赋予了否定其行为与否定其民族身份的双重姿态，彰显了其批驳的深刻性与彻底性。

《随感录四十六》中用"给外国医生换上外国狗的心了，所以读罗马字时，全是外国狗叫"讽刺画里不伦不类的"泼克"，讽刺画家本人也成了一种身份不明的存在，其自我已经失去了鲜明和坚定的民族立场。鲁迅先生以类比的手法，以对画家的讽刺戏谑作为表明他不把磨灭了中国人身份的人当人看的鞭笞姿态。

《伤逝》中的阿随

鲁迅先生笔下的狗，也不尽然都是批评、讽刺的对象，《伤逝》中的"阿随"就是一个例外。"阿随"这只狗非常忠诚。原文说阿随原本有自己的名字，而子君重新给它取名为阿随，但涓生不喜欢这个名字。子君开始觉得浪漫生活已经到头，不能永远过着饿肚子的拮据生活，但涓生并没有放弃对生活的信仰，他不愿去随随便便地过日子。但是子君却已经腻味了，将生活的乐趣转移到阿随那里去。

但接下来的日子却难以维系，这一对冒天下之大不韪的男女从此不见容于社会，没有人肯雇佣涓生，涓生失业了。鸡鸭陆续成了盘中之餐，"阿随"也养不起了，涓生只好将其送走。涓生用一件破衣服蒙住"阿随"脑袋和眼睛，送出好远，心想它再也不会找到回家的路了。

不仅无法养活"阿随"，涓生和子君的爱情也无法继续。终于，子君又回到原来那个冰窖一样的封建家庭，在冷眼中走完了生命最后的历程。涓生在无尽的忏悔中挨着时日。在子君与涓生的爱情和生活步入绝境之时，被蒙着头抛弃的"阿随"，这只瘦弱的、半死的、满身灰土的阿随竟然回到家里。涓生抱住"阿随"大哭。

狗且如此，人何以堪！

纵观鲁迅先生笔下的"狗"多是受抨击和讽刺的对象，这与他生活的那个时代是分不开的。从对"阿随"的态度可以看出，其实鲁迅先生并不是讨厌狗本身，他只是以批"狗"来刺人，借助"狗"来宣泄那个时代的爱与憎，"乐则大笑，悲则大叫，愤则大骂"。不同文本中的"狗"的描绘正是鲁迅本人的思想发展历程的记录，展现出从不同角度体察人性的不同侧面的全面把握，也是社会发展进程中斗争状况的缩影。

英国皇室的爱犬：从查理王到维多利亚

在英国，养狗曾是贵族身份和地位的象征。许多自称爱狗的人认为狗的高贵在于愿意牺牲自我来满足人的各种欲望。这种势利的观点对中层阶级的吸引力远远大于上层阶级。那些向往上流社会而又不是贵族出身的人通过养血统高贵的狗来佯装贵族。

查理王猎犬

欧洲的查理一世和查理二世都出了名地爱犬，有两种犬竟然以查理王的名字命名——骑士查理王猎犬和查理王小猎犬。

英皇查理二世（1630—1685年）相当迷恋他的爱犬，为能与之常伴左右，查理二世不仅将爱犬豢养在寝宫里，每天例行带到公园散步，甚至还颁布一道法令，允许它们自由进出国会。当时的海军大臣山谬·佩皮斯曾因此摇头叹息说："我所看到的是一位只知成天把玩膝上犬，不专事朝政的国王。"话语虽带责备，却道尽查理二世爱狗成痴的真性情。

维多利亚女王的爱犬

维多利亚女王（1819—1901年），全名为亚历山德丽娜·维多利亚，是肯特与斯特拉森公爵爱德华亲王之女。自1837年6月20日起为大不列颠及爱尔兰联合王国君主，直至去世。维多利亚在位时期是英国一个工业、文化、政治、科学与军事都得到了大发展的时期，被称为"维多利亚时代"。

宠物狗大量出现在市民阶级中的生活场景，则是维多利亚时代的文学新现象。那阵子，从女王到一般臣民，上行下效的时风，是无狗不成家。而这一社会风气，在狄更斯这种时代典范作家的笔下，自会给予大量表现。

根据里敦·斯特莱伽所著的《维多利亚女王传》中记述，英国女王维多利亚从小就很喜欢狗，在艰难的童年一直陪伴她。还是公主时她就支持反虐待动物协会，是巴特西流浪狗之家的资助人。在温莎的养狗场，她一直养着80多只各种各样的狗，而且常常亲自给它们喂食。当她十九岁加冕成为女王后，回到白金汉宫的第一件事便是替爱犬洗澡。大婚后，体贴的丈夫艾伯特亲王，经常网罗各地名贵的犬种，送给她当圣诞礼物。1861年丈夫病逝的打击让维多利亚把生活重心全放在宠物狗身上，她退隐至怀特岛安享天年，直到

维多利亚女王和她的爱犬（George Hayter 绘）

临终都与狗为伴。维多利亚女王的喜好影响了英国王室，当时的王室会定期举办茶会展示各地进贡的名犬。当时的英国社会还掀起一股育种风，隶属皇家的温莎堡御犬场甚至把改良后的迷你犬种，当成外交礼物回赠给邻国。

那么维多利亚女王都喜欢哪些犬呢？

马尔济斯犬便是女王陛下的爱犬之一。马尔济斯犬（Maltese Dog），又称马耳他犬、马耳他岛猎犬，原产于地中海的马耳他岛。

维多利亚女王时期，民间爱狗成风
（Moms George Ford 绘）

它长相特别，端庄高雅，彰显贵气。它的头略圆，耳下垂，头部长有长长的饰毛，全身被单层丝绸般光滑的长毛覆盖，成年个体的毛发可达20厘米以上。毛色有珍珠白、棕褐和淡黄色，以白色最名贵，与黑色的眼睛、鼻子形成鲜明对比。

这种犬迄今已有近三千年的历史，从古至今都属于玩赏犬，在世界上有很高的声誉。当马耳他岛被英国占领后，维多利亚女王便下令从该岛进贡此犬。到了19世纪末，此犬以其华丽的品质赢得了玩赏犬的首席宝座，同时在美国也大受欢迎。在目前犹存的地中海沿岸的工艺品和美术作品中，常可见到马尔济斯犬栩栩如生的艺术形象。

此外，维多利亚女王也十分喜爱斯凯梗。当维多利亚女王访问意大利时，佛罗伦萨的百姓们赠送给女王一只斯凯梗，此犬亦深受女王的宠爱。尤其是斯凯梗那张甜美迷人的"笑"脸，尽善尽美，雍容华贵，活脱脱的一副艺术珍品。

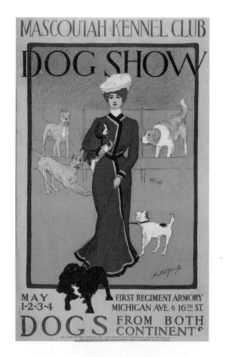

一百年前狗类展览的海报
（Moms George Ford 绘）

因为维多利亚女王的喜爱，有几个品种的狗得以流行，比如猎獾狗、柯利牧羊犬。她不许人杀死狗，也禁止对狗截尾或耳朵。

莫泊桑与契诃夫：所有的狗都应当叫

莫泊桑[1]

俄国作家契诃夫说过："你不应该在你的作品发表以前念你的作品。"他常说："顶要紧的是千万不要听别人的主张。要是你写糟了，你就自认倒霉好了。莫泊桑凭他的那份伟大，把写作水准提得那么高，弄得人很难下笔，可是我们仍旧得写。特别是我们俄罗斯人，在写作方面得有勇气才行。狗有大小，可是小狗

① 莫泊桑（1850—1893 年），19 世纪后半叶法国杰出的现实主义作家，文学成就以短篇小说最为突出，与契诃夫、欧亨利并称世界三大短篇小说家。他擅长从平凡琐碎的事物中截取富有典型意义的片断，以小见大地概括出生活的真实。他的短篇小说侧重摹写人情世态，构思布局别具匠心，细节描写、人物语言和故事结尾均有独到之处。莫泊桑的短篇小说脍炙人口，最著名的有《羊脂球》《项链》《我的叔叔于勒》等等。

小狗向大狗吠叫（Stanley Berkeley 绘）

不应当因为大狗的存在而心灰意懒。大狗和小狗都得叫，就用上帝
给他们的声音叫好了。"莫泊桑和契诃夫生长在同一个时代，都是享
誉全球的世界三大小说巨匠，此外还有一个共同点，他们都写过狗。

《小狗皮埃罗》

　　莫泊桑是一个自然主义者，笔下的狗，是真实存在的狗，就如
同我们日常生活中看到的那样，没有离奇的身世，没有曲折的情节，
就是一条狗。莫泊桑在《小狗皮埃罗》中，讲述了一个吝啬的女人
领来一只小狗后，又因为太花钱而把狗遗弃的故事。在乡下，有一
个老寡妇和她的女仆两个人一起生活。有一天她们发现丢了东西。

怎么办？后来她们想到：养一只狗看家。为了少喂点饭，老寡妇决定养条小狗。由于好点的狗都要钱，而老寡妇又不打算花一分钱，最后只弄到一条又小、又脏、又丑的狗。虽然小狗见到来人也不叫，老寡妇倒也习惯了它，有时还喂喂它。谁知养了一段时间后，税务人员来收养狗税。老寡妇自然不肯交，于是决心不再养狗了。想了一些办法，可怎么弄小狗也不离开。最后，只得学当地人处理狗的办法，把它扔到一个废弃的矿井里饿死。老寡妇和女仆先给小狗喂了些好的东西，把它扔了下去然后赶紧跑回家。当晚睡觉时老寡妇连着做噩梦，梦见小狗。老寡妇又心疼小狗了，后悔扔了它。第二天她就赶到废井那儿，想把小狗救出来。可是找来救狗的人非要付费用，老寡妇又舍不得这笔钱。于是，她想出个办法：每天给小狗送吃的来。开始每天都去，后来隔几天。有一次去的时候，她发现里面多了一条大狗。她扔进去的东西小狗根本抢不到，东西白白让那条大狗吃了。老寡妇无奈地说，只能这样算了。

就故事本身而言一点也不曲折，不稀奇，简直微不足道。一如莫泊桑的其他作品，他总是不惜代价地写最真实的东西，可是他笔下的真实在我们现在看来似乎很肤浅。莫泊桑说："对我来说，小说里的心理学，就是显示一个人在生活中内在的样子，也就是小说必须包含的因素。生活本身引导一个人真实的内在。"莫泊桑难能可贵的是把自己看成普通人，不假装是个哲学家。他擅长刻画人物，勾勒人物特点，性格鲜明。比如，文中的老寡妇和狗，看似简单，就是平常见到的普通人。狗是普通的狗，人也是普通的人，故事背景也似乎很普通，没什么新奇，然而莫泊桑的法眼却能从这些凡人小事中捕捉到生命和生活的意义。老寡妇也不算善良但也不算太坏，她想养狗却不愿意花钱。扔掉前，还给了小狗好吃的。夜里做噩梦梦见小狗。说明她是不忍心的。后来还给小狗送东西来吃。可是最后在善良和吝啬有矛盾时，她还是选择了吝啬。她的同情心敌不过钱的魅力。情节和人物相得益彰，选材匹配人物性格发展和行为。

《名贵的狗》

莫泊桑笔下的狗平常而低微，最终难逃厄运，而契诃夫笔下却有一条"名贵的狗"，只不过这狗名贵得有些耐人寻味。

《名贵的狗》是契诃夫的一篇小小说，这里特意摘选两段：

契诃夫

> "好一条公狗！"杜博夫指着他的狗米尔卡对克纳普斯说，"名——贵——的狗哪！您注意它的嘴脸！光凭这嘴脸就值大钱了！遇上喜欢狗

的人，冲这张脸就肯甩出二百卢布！您不信？这么说您是外行……"

"明天我就让瓦赫拉梅耶夫送了去……去它的！叫人剥了它的皮……这该死的狗！可恶极了！不但弄脏了所有的房间，昨天还把厨房里的肉全偷吃光了，下—下—贱胚子……是纯种狗倒好了，鬼知道它是什么东西，没准是看家狗和猪的杂种。"

托尔斯泰说："我撇开一切虚伪的客套肯定地说，从技巧上讲，他，契诃夫，远比我高明。"在毛姆眼里，"契诃夫的文学造诣迄今无人超越，他的作品总能牵着别人的鼻子走。崇拜他的人有好的品味，不喜欢他的人就是凡夫俗子"。

和莫泊桑如出一辙，契诃夫也极力主张作品要写得真诚。契诃夫很不屑那些无稽的情节，他说："为什么要把一个人安排在潜水艇里去北极？就是为了和这个世界调和吗？而此时他所爱的人正歇斯底里地从钟楼跳下去？这些都不真实，现实中不会发生。所以应该写简单的事情。名贵的犬就是一件很简单却很真实的事情，我们甚至可以回忆，过去的时候是否出现过。作为一条狗，米尔卡遇上杜博夫这样的主人，可谓是误了狗生。他为了将米尔卡卖个好价钱，极力吹捧，甚至将母狗硬是说成公狗，还是如此地信誓旦旦。但他的狗最终没有推销出去后，他又极力用恶毒的语言来谩骂，不惜将其送进屠宰场。

契诃夫因为用身边亲戚朋友的原型写故事而招来诟骂并"臭名昭著"。契诃夫平时积累大量日记，很多人物都是从中提取。契诃夫原本可以简单用两行写出杜博夫的特征。但他似乎不屑费力去写，有狗在就足够了。杜博夫的人物性格被缓缓推动发展，但从不主动行动，仅仅一条狗，就还原了杜博夫的虚伪狡诈。

小狗攻击自己不喜欢的客人（Aldin Cecil 绘）

在毛姆眼里，莫泊桑和契诃夫可以相互而视：一个看到人的肉体欲望，一个则更细微高贵地看穿人的灵魂。他们在写作上都努力做到客观。他们的共识是：人生是沉闷的，无意义的，人是卑鄙的、愚蠢和可怜的。

屠格涅夫与《猎人笔记》

伊凡·谢尔盖耶维奇·屠格涅夫是19
世纪俄国享有世界声誉的现实主义艺术大
师，他善于通过生动的情节、恰当的言语
和行动及其对大自然情境交融的描述，塑
造出许多栩栩如生的人物形象。此外，屠
格涅夫视角独特，对大自然充满爱，其作
品中经常出现狗的形象，譬如《猎人笔记》
《木木》……

屠格涅夫 [1]

---

[1]　伊凡·谢尔盖耶维奇·屠格涅夫（1818—1883年），俄国19世纪批判现实主义作家，
出生于世袭贵族之家，1833年进莫斯科大学文学系，一年后转入彼得堡大学哲学系
语文专业，毕业后到德国柏林大学攻读哲学、历史、希腊文与拉丁文。从60年代起，
屠格涅夫大部分时间在西欧度过，结交了许多著名作家、艺术家，如左拉、莫泊桑、
都德、龚古尔等。参加了在巴黎举行的"国际文学大会"，被选为副主席（主席为
维克多·雨果）。屠格涅夫对俄罗斯文学和欧洲文学的沟通交流起到了桥梁作用。

《猎人笔记》

在《猎人笔记》中，屠格涅夫以第一人称猎人的身份出现，打猎自然少不了猎犬。不同人拥有不同的猎犬，而不同的犬受到不同的待遇。

书中"我"的爷爷有一只爱犬——米洛维特卡，他爱犬胜过自己。曾经有一次，伯爵阿列克塞·格里戈列维奇向"我"爷爷来买米洛维特卡，"把您的狗卖给我吧，您要多少，就给多少。"爷爷的回答令人震惊，说："不，伯爵，我不是买卖人：没用的破烂也不卖，若是为了表示敬意，即使老婆也可让人，唯独这只米洛维特卡不能让……我倒宁肯让出自己。"爱犬如此，情何以堪。后来米洛维特卡死了，"我"爷爷让人奏乐为它送葬，把它葬在花园里，在坟前立了块碑，并刻上墓志铭。

然而同狗不同命，相比之下，叶尔莫莱的猎犬要悲催得多。叶尔莫莱是一个地主家的下人，他的某些能耐却是无人可及的，比如他善于在春汛时捕鱼，赤手捞虾，凭嗅觉找到野猪，诱捕鹌鹑，驯养猎鹰，捕捉那些会唱"魔笛"和"杜鹃于飞"曲段的夜莺。唯独驯狗这一行他干不来，他缺乏耐心。叶尔莫莱有一条猎狗，取名为瓦列特卡，和主人一样也是怪得出奇。叶尔莫莱从来不喂它，在他眼中狗是种聪明的畜生，会自个儿找到吃的。此话确实不假：瓦列特卡虽然骨瘦如柴，可是它依然活着，而且还挺长寿。人能负狗，然而狗却不负人。尽管瓦列特卡境况可怜，可它一次也没有逃走过，从来没有表示过想要离开自己主人的意思。只有过一回，那是在它的青春年华，为了谈情说爱而离开过两天，不过它很快就不再干这种蠢事了。瓦列特卡和其他的狗不同，它不会摇尾乞怜，不会曲意讨好，似乎讨好也没人搭理，他对世上的一切都持一种无所谓的态度。它常常坐着，把它那短尾巴蜷在身子底下，双眉紧蹙，不时地哆嗦几下，从来不见它露出笑容。它那副长相奇丑无比，凡是闲来无事的仆人总不放过机会把它的仪表刻毒地嘲笑一番；可是对于所有这些嘲笑乃至殴打，瓦列特卡都以惊人的冷静态度忍受下来。当然，瓦列特卡也会把自己的馋嘴巴探进暖和而香气扑鼻的厨房，厨子们便立刻丢下手头的活儿，对它大喊大骂，并去追赶它。然而，这并不是瓦列特卡的全部，行猎时，它一向不知疲累，嗅觉又极灵敏。不过，它和别的狗不一样，它捕到了猎物，仅仅为了填饱自己肚子，不是为了取悦主人。如果瓦列特卡追到一只被打伤的兔子，它就会远远地躲开那个用各种懂得和不懂得的方言大骂的叶尔莫莱，躲在绿丛林里的荫凉处，把兔子美美地吃个精光，连骨头都不剩一根。

很多时候，养狗并不是因为喜欢，也不用来打猎，而是某种程度上的炫耀。书中"雾"就是一个典型的例子，依"我"的浮浅之见，"我"以为养狗可以说主要是为了摆谱儿……想让一切都显得体面，让马显得体面，让养狗的仆人也显得体面……那位伯爵就是一个典型的例子：

　　他生来就不是一个猎人，可他也养狗，一年里出去打

跟随主人外出打猎的猎狗（Aldin Cecil 绘）

一两回猎。养狗的仆人穿起镶金边的红外套，集合在院子里，吹起号角；伯爵大人出来了，他们给伯爵大人牵过马，扶他上马，猎手的头头把大人的脚套进马镫，然后摘下帽子，用帽子托着缰绳递上去。伯爵大人的马鞭一响，养狗的仆人们便吆喝起来，拥出院子。马夫骑着马跟在大人后面，用绸带子牵着主人的两只宠爱的狗，小心照看着……马夫他高高地骑在哥萨克马的马鞍上，容光焕发，大眼睛不停地转来转去……当然罗，在这样的场合总是少不了有

狩猎中的猎狐犬（Aldin Cecil 绘）

宾客。多么开心，多么派头……

地主老爷们喜欢养狗，自然会有下人充当驯犬师，有的因犬而荣，有的却不会驯狗。书中的巴乌什就是一名出色的驯狗人，帮助"我"驯猎狗。书中展示了他高超的驯狗本领：

他朝猎狗吆喝一声，林子里就会闹得天翻地覆。有时他一下闹起倔脾气来，就跳下马，躺倒不干……猎狗一旦听不到他的吆喝声，那就完了！那些狗就不再去闻新留下的猎物足迹，什么猎物也不去追了。

还有一个驯犬人——叶尔莫莱，不知怎么搞的，那些狗在他手下都活不长，总是活不长。

《猎人笔记》中的狗是真实的狗，它们因出生和地位，同狗不同命。成长的环境不同，又赋予狗以不同的性格。可以说，狗也受到文化的熏陶。最为可贵的，书中对于美丽风景的描述：

> 一些小滨鹬一边啁啾着，一边沿着那些流淌着冰凉而清澈的泉水的岩石岸边飞来飞去；野鸭子向池塘中央游去，小心翼翼地四下顾盼；苍鹭停歇在一些河湾里悬岩下的阴影处……

美丽的风景让人忘却愤怒的记忆，如果不是社会，它是一本美丽的自然笔记。他没有将愤怒，转移到书中。

《木木》

屠格涅夫以《猎人笔记》获罪，然而他并不思"悔改"，在牢狱中撰写了《木木》。木木是一只漂亮的西班牙纯种狗的名字。顾名思义，本书以此命名，那么理所当然它就是主角，其实不然，它仅是文章的一条线索。

木木的主人格拉西姆和《猎人笔记》中的叶尔莫莱一样，都是下人。格拉西姆是一个聋哑的仆人，他身材高大，体形魁梧，总有使不完的力气。眼下被带到了莫斯科，交给了他打扫庭院的活儿，起初他并不习惯，不过时间长了也就无从抗拒这枯燥乏味的生活。不久，他喜欢上了胆小怕事、沉默少言的女仆人塔吉雅娜，正当他准备表达自己的爱意时，不知情的老太太却将她许配给了酒鬼鞋匠克里莫夫。由于胆小，他眼睁睁地看着自己心爱的人嫁给了无可救药的酒鬼并被送走。

正当格拉西姆为此而伤心失意时，他意外捡到了一只被遗弃、无家可归的三周大小的狗，并把它带回了自己所住的仆人院子里。他给小狗起了名字叫木木，在精心的照料下，木木出落成一只漂亮的西班牙纯种狗，它聪明伶俐，仆人们都喜欢这只小狗。它对谁都友好，但只喜欢格拉西姆一个人，整天形影不离。突然有一天，漂亮的狗狗被脾气古怪的老太太发现了。由于木木的不理睬激怒了老太太，于是老太太下令管家将木木送走，无奈管家只好背着格拉西姆将木木低价卖掉，到了晚上木木又神奇地跑回了格拉西姆身边。可是，依旧还是被老太太发现了，这一次老太太竟下令管家处死木木。痛苦的格拉西姆带着木木吃了它最喜欢的骨汤，忍痛将身上绑了砖头的木木丢进了湖里。

木木和《猎人笔记》中的狗有所不同，这里它不仅仅是一条狗，还是格拉西姆心灵的伴侣，是他精神的依靠。木木的出现，让格拉西姆无声的世界增添了生活的希望，他有了爱的勇气。格拉西姆被无情地剥夺爱的权利后，他所有的情感都转移到木木身上，那是他生命中最后的依赖。面对老太太处死爱狗的无理要求，他选择了沉

陪同主人一同驾车出游的斗牛犬（Aldin Cecil 绘）

默，选择了接受，选择了自己默默承受身心痛苦。胆怯和自卑让他失去了最爱，木木死后，他失去了生活的意义和信心。木木走了，格拉西姆的心也死了。他从此一蹶不振，不久就偷偷地回到了乡下老家，人们发现他从不和女人说话，甚至都不看她们一眼，再也没养过一条狗。

有时候，一条狗的命运，也是一个时代的痕迹。在那种时代背景下，主人公格拉西姆、女仆塔吉雅娜、小狗木木、鞋匠克里莫夫，他们都成了时代的牺牲品。

《麻雀》

屠格涅夫笔下的狗不仅是弱势的一方，有时候也会成为强势的个体，比如他在散文诗《麻雀》中描述的猎狗捕杀麻雀的场景："猎狗慢慢地走近小麻雀，嗅了嗅，张开大嘴，露出锋利的牙齿。突然，一只老麻雀从一棵树上扑下来，像一块石头似的落在猎狗面前。它倒竖起全身的羽毛，绝望地尖叫着。老麻雀用自己的身躯掩护着小麻雀，想拯救自己的幼儿。可是因为紧张，它浑身发抖了，发出嘶哑的声音。它呆立着不动，准备着一场搏斗。在它看来，猎狗是个多么庞大的怪物啊！可是它不能安然地站在高高的没有危险的树枝上，一种强大的力量使它飞了下来。猎狗愣住了，它可能没料到老麻雀会有这么大的勇气，慢慢地，慢慢地向后退。我急忙唤回我的猎狗，带着它走开了。"

在猎狗面前，麻雀无疑是弱小的，可是在孩子面临危险的生死关头，麻雀妈妈挺身而出，是母亲的本能，促使它挑战强大的对手。于是乎，原本卑微的生命发出了生命的最强音。凶悍的猎犬，被这种强大的气场震撼住，它从来没有遇到过这样的情形，只能走开。屠格涅夫不分贵贱，对健康的生命的毁灭都会给予深切的痛惜，这种痛惜是对人的命运的同情，是没有阶级之分的。屠格涅夫在晚年写道，"这些树木，这些碧绿的叶子，这些高高的草丛把我们遮住，跟其余的世界隔绝：没有人知道我们在什么地方，我们在做什么事情；——然而我们是跟诗在一块儿的，我们充满了诗意，陶醉在诗意里……"

与托尔斯泰

屠格涅夫喜欢狗，不仅在作品中刻画出各式各样狗的形象，在日常生活中，他也喜欢与狗为伴，带狗打猎。1878年，在托尔斯泰盛情邀请下，六十岁的屠格涅夫到雅斯纳雅·波良纳庄园做客。这次会面预示着两大文豪之间的和解，托尔斯泰称为"精神上的诞生"。不曾想，他们的和解差点因为狗而搅黄。

在家宴中，屠格涅夫还高兴地跳起古老的康康舞。这一天中午，托尔斯泰的妻子把大家叫到客厅，屠格涅夫在那里念了短篇小说《狗》。这回，托尔斯泰托着下巴，不时点着头，甚至为其中精彩的章节叫好。这次见面，虽然两人都有些拘谨，但总算言归于好了。

1880年，托尔斯泰五十二岁，屠格涅夫六十二岁。屠格涅夫又到庄园做客，那是阳光灿烂的五月。屠格涅夫喜欢打猎，每当打猎，总爱带上狗，作为帮手。这次，托尔斯泰请客人郊游，两人还带着枪和狗去打鸟。夜幕悄悄降临，终于有一只山鹬向他们飞来，枪响了。"打死了吗？"托尔斯泰站在原地喊道。"'啪'一声掉下去了，您快让狗去捡。"屠格涅夫回答。然而，托尔斯泰的狗跑过去，却一无所获。

　　因为狗没有发现目标，两人产生了分歧。托尔斯泰认为，"如果那只鸟被打死，狗是不可能找不到的。"屠格涅夫坚持自己看到的情景，"我看得清清楚楚，啪一声掉下去，不是受伤，是一下子死了。""但是为什么狗找不到它呢？不可能的。""我没有撒谎，它是啪一声掉下去了。"屠格涅夫没法解释，只有再三重复原先的话。

　　虽然没有争吵，但鸟儿失踪，狗儿的无能，给两人留下不快之感，仿佛他们之中有一个是说了错话。这回由于大家都不愿意重复过去不愉快的经历，便把这个争议搁下了。晚上，托尔斯泰悄悄吩咐儿子，第二天早点起来，去仔细找一找。事情终于清楚了：山鹬被打了下来，正好卡在白杨树梢的枝杈上，因此狗没有发现。当孩子们郑重其事地把猎物带回家时，简直成了一件大事。两位老朋友的高兴劲儿更是无法形容。

狗之赞：从拜伦到叶赛宁

拜伦：墓志铭狗

狗是"人类挚友"，也就顺理成章地成为文艺作品中的常客，作为忠实、信任的化身出现。假如是名种猎狗，还会再多一层烘托主人身份的功能。拜伦纪念爱狗一诗，可算这方面的典范。乔治·戈登·拜伦（1788—1824年），是英国19世纪初期伟大的浪漫主义诗人，代表作品有《恰尔德·哈洛尔德游记》《唐璜》等，他在他的诗歌里塑造了一批"拜伦式英雄"。他不仅是一位伟大的诗人，还是一个为理想战斗一生的勇士，积极而勇敢地投身革命——参加了希腊民族解放运动，并成为领导人之一。

拜伦在剑桥念大学时，经常有一些古怪行为：拜伦爱狗，可是宿舍不让养狗，于是他就特意养了一只熊，放到塔楼左边的屋顶阁楼里喂养。1808年拜伦的爱犬——一只叫"水手长"的纽芬兰犬——

染上疾病，拜伦闻讯赶来给它护理，不畏被咬伤和感染的恐惧。可还是没能挽回"水手长"的狗命，它最终死于狂犬病。拜伦悲愤不已，他亲自为"水手长"撰写墓志铭，并把这首诗刻在"水手长"的坟墓碑上。拜伦赞美他的纽芬兰犬"水手长"的品格，与巴博德有分寸的赞美成为对比。拜伦不是觉得他的狗近乎人，而是比大多数人都强，难怪说拜

拜伦和爱犬（Der Dichter 绘）

伦为了爱犬与世界为敌。拜伦希望将来被葬在距离"水手长"不远的一处墓穴，但因为纽斯台德寺院（拜伦故居）被卖出，他失去了这个机会。

纽芬兰犬墓碑题诗

在此处近旁

贮有一物之遗体：

它有美质而无虚荣，

有威力而无骄慢，

有胆量而无残暴，

有人的一切美德，而无其罪戾。

这一篇颂词，倘若铭刻在人的墓顶，

那就是一文不值的谀辞；

却是恰如其分的赞美——用以纪念，

水手长，一条狗，

1803年5月生于纽芬兰，

1808年11月18日卒于纽斯台德寺院。

当一位人间骄子一命归西，

与荣誉无缘，却有显赫的门第；

名匠的雕刻炫示殡葬的隆重，

墓室的图像描绘死者的事功；

这一切告竣，在墓地所能见到

就全是虚夸，全不似他的真貌。

怎如这条狗，是最可信赖的朋友，

主人还家，第一个趋前迎候；

挺身卫主，与主人心心相印，

全为了主人，才劳碌、搏斗、生存；

卑微地死去，好品德不为人知，

灵魂进不了天国，横遭拒斥；

而人，愚妄的虫蚁！只希图免罪，

想自家独占天堂，排斥异类。

人啊！你这瘦弱的、片时的客户！

权力腐蚀你，奴役更使你卑污；

谁把你看透，就会鄙弃你，离开你

偃获生命的尘土，堕落的东西！

你的爱情是淫欲，友谊是欺诈，

你的笑容是伪善，言语是谎话！

你本性奸邪，称号却堂皇尊贵，

跟畜生相比，你真该满脸羞愧。

谁望见这简朴坟墓，请移步走远——

你们所哀悼的人物与此地无缘。

谨在此立碑，标志我朋友的墓地：

我生平唯一的朋友——在此安息。

1808 年 11 月 30 日，纽斯台德寺院

（杨德豫 译）

《狗之歌》

《狗之歌》是俄罗斯诗人叶赛宁于 1915 年写就的抒情诗。这首

由七个小节组成的诗，从早晨开始，到月夜结束，似乎构成了有关于一只母狗的完整的叙事，但又不仅如此。在第六节出现了"哀伤"这个词，它直接点出了该诗的"要领"——它展示的是"哀伤"。

早晨，在黑麦杆狗窝里，

破草席上闪着金光：

母狗生下了一窝狗崽——

七条小狗，茸毛棕黄。

她不停地亲吻着子女，

直到黄昏还在给它们舔梳，

有如雪花儿融成了水滴，

乳汁在她温暖的腹下流出。

晚上，雄鸡蹲上了

暖和的炉台，

愁眉不展的主人走来

把七条小狗装进了麻袋。

母狗在起伏的雪地上奔跑，

追踪主人的足迹。

尚未冰封的水面上，

久久泛起涟漪。

她舔着两肋的汗水，

踉踉跄跄地返回家来，

茅屋上空的弯月，

她以为是自己的一只狗崽。

仰望着蓝幽幽的夜空，

她发出了哀伤的吠声，

淡淡的月牙儿溜走了，

躲到山冈背后的田野之中。

于是她沉默了，仿佛挨了石头，

仿佛听到奚落的话语，

滴滴泪水流了出来，

宛如颗颗金星落进了雪地。

（丁鲁译）

狄更斯的牛眼儿

狄更斯①

所谓天才，就是被上帝选中的这么一些人。上帝是公平的，他给了你超越凡人的才华、敏感度，丰富的想象力，也会顺手拿走你一些东西，比如世俗的圆满、守拙的幸福。狄更斯正是一个被上帝选中的天才。他身材矮小，但相貌非凡；出生低微，却又富有天资。狄更斯被斯蒂芬·金称为"小说界里的莎士比亚"。狄更

---

① 查尔斯·狄更斯（1812—1870年）是19世纪英国著名作家，代表作包括《远大前程》《雾都孤儿》《大卫·科波菲尔》《双城记》等。2010年2月16日报道，一个属于大文豪查尔斯·狄更斯的狗项圈日前在纽约一家拍卖行售出，成交价为11590美元（约合人民币79188元）。这个项圈是由皮革和黄铜做成的，上面刻着狄更斯的名字。

斯非常喜爱狗，狗们伴随他的一生，他的作品中也充满了有关狗的描写。

那个时期对于一般人家，养狗还是一件挺拉风的事，即便是拍全家福，也要弄一只狗进来。狄更斯拥有的第一只狗叫"木头"，是一只白毛西班牙猎鸟犬，是他1843年收到的礼物。狄更斯在它身上投注的时间精力远多于自己的太太。即便狄更斯拖家带口，跨过海峡到大陆旅行，随行名单中也少不了它的位置。

"木头"性晚熟，据说这给狄更斯添了不少堵，他还动过宰了它的恶念。狄更斯养的多是大型狗，除了之前的"木头"外，还有圣伯纳犬和纽芬兰犬，他给这些狗起的名也非常有趣，比如苏丹、大人、突厥佬……狄更斯经常带着这些狗儿出门散步，一副马前张保马后王横的架势，周边的人闻之色变，远远地躲开。狄更斯喜欢和他养在盖希尔的看门狗以及女儿的波美拉尼亚犬"邦斯夫人"一起玩耍，并把狗写进小说凸显主人性格。狄更斯被狗逗乐了，也喜欢控制它们。他观察它们的生活方式，并赞赏它们的智慧的故事。

《雾都孤儿》中的牛眼儿

《雾都孤儿》是狄更斯于1838年出版的写实小说。其他大作家笔下，狗多是弱势、被同情的对象，而在《雾都孤儿》中，狗却成为强盗赛克斯的"帮凶"。赛克斯的狗叫牛眼儿，脸上带着二十来处伤痕裂口，经常受到主人的虐待。正如下文：

赛克斯先生突然打破了沉默。不知是因为这样专注的思索却被狗的眼光打乱了呢，还是因情绪受到思维的推动，需要冲着一头无辜的畜生踢一脚，以便安神静气，这个问题还有待讨论。不管原因何在，结果是狗同时挨了一脚和一句臭骂。狗对于主人的打骂一般不会动辄予以报复，可赛克斯先生的狗却跟它的当家人一样生性暴躁，在这一时刻，或许是由于感到受了莫大的侮辱吧，它也没费什么事，一口便咬住了一只半长筒靴，使劲摇了摇，便嗷嗷叫着缩回到一条长凳下边，正好躲过了赛克斯先生兜头砸过来的白锡酒壶。"你还敢咬我，你还敢咬我？"赛克斯说着，一手操起火钳，另一只手从衣袋里掏出一把大折刀，不慌不忙地打开。"过来啊，你这天生的魔鬼。上这边来。你聋了吗？"狗无疑听见了，因为赛克斯先生说话时用的是极其刺耳的调门中最最刺耳的一个音阶，然而它显然对于脖子上挨一刀抱有一种说不出的厌恶，所以依旧待在原来的地方，叫得比先前更凶了，与此同时亮出牙齿，咬住火钳的一端，像一头不曾驯化的野兽似的又咬又啃。这种抵抗反而使赛克斯先生更加怒不可遏，他双膝跪下，开始对这头畜生发动极其凶猛的进攻。狗从右边跳到左边，又从左边跳到右边，上下扑腾，咆哮着，吠叫着。那汉子一边又戳又捅，一边赌咒发誓。这场较量正进行到对于双方都万分紧急的当儿，门忽然打开了，狗立刻丢下手持火钳和折刀的比尔·赛克斯，夺路逃了出去。

牛眼儿的遭遇，衬托着赛克斯的凶残、暴力，然而生活在强盗身边，它的悲剧不仅如此，注定成其帮凶，失去最后令人怜悯的机会。赛克斯多次利用牛眼儿恐吓奥立弗，而"牛眼儿，摇了摇尾巴，对这一番亲热得异乎寻常的夸奖表示感谢，它又猎猎吠叫了一通，算是对奥立弗的忠告，便领路朝前走去"。这个专以打劫为生的家伙躺在床上，把他那件白色的大衣裹在身上当睡衣，死灰色的病容，加上龌龊的睡帽，一星期没刮的胡子又硬又黑，这一切表明他的整个嘴脸毫无改观。那只狗伏在床边，时而闷闷不乐地看一眼主人，当街上或者楼下有什么响动引起它的注意，它便竖起耳朵，发出一阵低沉的吠叫。

赛克斯行凶后，用指头发出了一个意味深长的手势，狗领会了，他俩偷偷地走开了。可怜的牛眼儿沦为强盗的帮凶，百口莫辩。赛克斯临逃亡之际，却准备把牛眼儿杀害。

他决定把狗淹死。他朝前走去，四下里寻找池塘。他拾起一块大石头，边走边把石头系在手绢上。这些准备工作正在进行的时候，牛眼儿抬起头来，望着主人的面孔。不知是它凭本能悟出兆头不妙，还是因为那强盗斜眼看它的目光比平常更凶了一些，它躲躲闪闪地走在后边，距离拉得比往常远一些，他一放慢脚步，狗就畏缩不前。主人在一个水池边上停下来，回头唤它，牛眼儿干脆不走了。当赛克斯俯下身来，将手绢往它脖子上套的时候，它却呜呜叫了一声，跳开了。狗摇了摇尾巴，但没有动弹。赛克斯打了一个活套，又一次唤它过来。狗上前几步，又退回去，踌躇片刻，便转身以最快速度逃走了。赛克斯逃亡后，狗钻到一把椅子下边，蜷成一团睡了，谁也没再去管它。牛眼儿在逃开后还是会回到老巢去寻找那个冷酷的人！最后，牛眼儿扑向死去的赛克斯，因没能准确扑上他的肩膀而死去。

牛眼儿之与赛克斯，和约翰·搏格的小说《金：一个贫民街区的故事》中的伯格有着异曲同工之妙。它们之所以打动读者，就是由于其中并不光彩的人物对狗的正面感情。牛眼儿邪恶而机警，但它对主人忠诚毋庸置疑，赛克斯也因为偶尔为他的狗骄傲和喜爱，有了一点人情味。狗的忠诚，是不挑主人的。狄更斯通过对狗的描写，来渲染时代的悲伤。我们多么希望牛眼儿在活着的时候能得到救赎啊，但在那个时代，奥利弗能脱离苦海已算奇迹，哪里还能顾得上这只小狗呢？

《大卫·科波菲尔》中娇生惯养的吉普

和牛眼儿相比，《大卫·科波菲尔》中的狗儿吉普的"狗命"要好得多。对于狗儿来说，有什么样的主人，预示着有怎样的狗生。牛眼儿自从跟随强盗赛克斯那一刻便注定了悲惨的狗生，而吉普成为大小姐的宠物，一生衣食无忧，备受宠爱，幸福地走完自己的狗生。《大卫·科波菲尔》是狄更斯创作生涯中期的代表作之一，带有浓厚的自传色彩。小说主要讲述了主人公孤儿大卫在经历了许多磨难、饱尝人生辛酸之后，最终在一些善良的人们的救助下，经过不屈不挠的奋斗，获得了事业上的成就和家庭的幸福。

一只狗正在聆听留声机中发出的主人的声音（Barraud Francis 绘）

书中，朵拉·斯本罗是斯本罗先生的女儿，是一个书香门第的小家碧玉。大卫第一眼看到她就被她深深吸引住，对她一见钟情。朵拉有一只宠物狗——吉普，她经常跟吉普在一起嬉闹，这就是她生活的全部。大卫对朵拉非常着迷，在朵拉失去双亲、没有依靠之际，依然毫不犹豫地想要娶她过门。

巴哥犬吉普和它的主人朵拉一样，也是从小娇生惯养。大卫赢

跟随主人去剧院看演出的狗
（Aldin Cecil 绘）

在追求朵拉前，没少讨好她怀中的吉普。难怪英国人把爱屋及乌，说成"爱我，爱我的狗"。吉普每天能准时吃到羊排，它有个很大的宝塔狗窝，在小家庭里面地位排第一，是小夫妻意见不统一时最好的缓和剂。朵拉和吉普在一起无忧无虑地嬉戏，不用为生活发愁，是两个永远也长不大的孩子。但朵拉的吉普缺乏管教，它在餐桌上转来转去，把爪子放进盐或者黄油中，在客人的餐盘之间吠叫、跑动。吉普的存在充分表现了朵拉的幼稚。当大卫告诉她没钱的时候，她哭着说，那他们的狗狗也要吃羊排骨。可惜这两朵娇嫩的花儿过早地凋零了。也不知朵拉究竟得了什么病，就是在跟狗狗嬉戏追逐的一天天中，发现自己越来越瘦弱、越来越跑不动了。在朵拉因病弥留之际，那只巴哥犬先主人而去。这个天真无邪的姑娘正是维多利亚时代闺训、妇德的人格化的载体，同时折射出她的创造者的社会道德意识。她是那个时代的产物，但也随着那个时代的消失，成为文化绝响。

《董贝父子》的戴奥尼吉斯

狄更斯作品的几只狗中，《董贝父子》中的戴奥尼吉斯应该算是最幸运的。董贝是个贪得无厌的大资本家，妻子儿女都成了他追逐利润的工具和摆设。公司经理卡克尔是个奸诈小人，骗取了董贝的信任后又一手造成了他的破产。

小说开始时，董贝期盼已久的儿子，主要是因为那是自己公司的继承人，他在儿子身上寄托着自己的野心与期望。但是董贝丝毫不去关心孩子的精神世界，因此他的儿子小保罗从来得不到真正的父爱，也享受不到真正的家庭欢乐。而董贝的女儿佛洛伦斯，因为

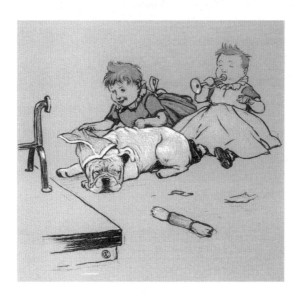

陪伴儿童学习和玩耍（Aldin Cecil 绘）

"在公司的声望与尊严的资本中，只不过是一枚不能用来投资的劣币"，长期受到冷落。

狗狗戴奥尼吉斯的出现给幼年的孩子带来希望和快乐。书中戴奥尼吉斯是一只幸运的狗狗，想象中应该是长须柯利牧羊犬或者英国古代牧羊犬。戴奥尼吉斯本来生活在一个古板的私塾里，没有什么人关心它。自从小保罗发现了它，才在它粗陋的心里种下了温柔的种子。小保罗夭折前对它念念不忘。好心眼儿的图茨先生，把它作为一个安慰的纪念物送到董贝小姐佛洛伦斯那儿去，从此陪伴温柔的佛洛伦斯读书写字，成为替代弟弟的一个好伙伴儿，一直伴随佛洛伦斯出嫁生子，圆满地过完它的狗生。在现实的教训中，董贝的思想发生了转变。最后，虽然他已无法重整家业，却成全了真正的家庭幸福。

杰克·伦敦呼唤野性

在作家笔下，从狼到狗是一个体质退化、社会关系扭曲的过程。狗在写作中更多地被人当作附属物，偶尔遇到叙事空洞时充当填料，它们只能简化成遥远的吠声。也许杰克·伦敦算是例外，他笔下的狗至少还能获得"野性的召唤"，同时提醒我们，这些摇尾乞怜的生灵并不永远甘于接受我辈的摆布。杰克·伦敦爱狗，也爱狼，狼是他的吉祥物，他与朋友通信时，常常署名"狼"，他还将自己的爱犬取名"褐狼"，他的第一本小说集《狼子》中的《白牙》《荒野的呼唤》和《海狼》都直接或间接地与狼、狗有关，

九岁的杰克·伦敦和他的爱犬

中年时期的杰克·伦敦

他的藏书票也是以一头狼为主要构图，家中的住宅取名"狼宅"。

《荒野的呼唤》

《荒野的呼唤》以动物为主角，一只名叫布克的大狗从美国加州南部一个温暖的山谷被贩卖到美国阿拉斯加地区做苦工。布克本身成长在优越的家庭环境里，南方自然环境的温和造就了其温顺、无争的本质。若不是命运的插手，它会一辈子安定地活着。在后来的一次意外中，布克被拐卖，开启了它阿拉斯加的探险之旅。

布克的父亲是一条体格魁梧的圣伯纳犬，母亲是苏格兰牧羊犬，它原本生活在圣克拉拉山谷的一个漂亮的庄园里。某一天，布克被抓走卖到北极拉雪橇，与它同时被贩卖的还有柯利——一只温顺的纽芬兰犬。到了阿拉斯加后，布克和其他几只狗一起从事拉雪橇的工作。主人法兰夏特意把布克安排在德夫和索洛克司之间，是希望它能得到启发尽快适应这工作，布克是个聪明的学生，它很快被迫适应了这份工作。当时犬中的老大是史皮兹，布克孤傲的性格，使它不甘心在奸诈、无理的史皮兹的领导之下。随着布克逐渐地强大，那潜藏的领导欲望，便在它心中不断地滋生着。随后，为了夺权，布克杀死了史皮兹，可是主人并不让它当老大。不久之后，布克换了两个新主人。在一次拉雪橇的途中，布克遭到主人毒打，奄奄一息。但吉"狗"自有天相，危急时刻，桑顿挺身而出救下布克，并将其买下。在一次赌局中，布克仅仅用五分钟，就给桑顿赚了1600块。

　　桑顿有了钱后，也抵挡不住传说的诱惑，立刻决定到北极探宝。他和彼得、汉斯带着布克它们一行，浩浩荡荡地沿着一条无人知晓的小路，往东部前进，走向一个不可知的未来。途中，布克听见从遥远的地方传来一声声的嗥叫，那声音似乎一直在召唤它，挑拨在它心中潜伏已久的那股野性的躁动。布克带着既威胁又求和的复杂神情，走向那匹野狼。桑顿的爱终于战胜了野性的呼唤，布克回到主人身边。有一次，布克捕捉大马哈鱼的时候，遇到了一头大黑熊，在河边和大黑熊厮杀起来，最后把大黑熊杀死了。这次战斗的胜利，给了布克极大的鼓励，它完全具备在野外生存的能力。后来桑顿被杀，布克为主人报仇后，开启了独自流浪的生活。它走进森林和一群狼决斗，接连击败狼群中三匹凶猛的对手。突然，那匹老狼出来了，它高高地抬起它的头，向着天空发出了悠长的狼嗥，其他的狼也跟着坐下来，发出长嗥来附和着。此时，布克终于清清楚楚地听到了来自荒野的神秘的呼唤。布克和它的那些狼兄弟并肩齐步一边奔跑一边叫着，它们雄浑的高嗥声渐渐隐没在丛林深处。几年之后，住在森林中的叶海特人发现野狼的狼种发生了变化，有些狼的头和嘴巴上出现了棕色的斑纹，而且胸口中央有一条条白色的毛。叶海特人部落中还流传着一个神奇的传说，有一只"狗魔"率领着狼群奔跑。

在北方严酷环境的历练下，布克渐渐由和善的性格回归野蛮、狡诈，为了生存甚至可以不顾同胞之情。在寒冷的阿拉斯加地区，生存条件艰险，工作繁重，但布克很快适应了新环境，活了下来。它学会了祖先的生存本领。布克的祖先与狼群生活在同一个森林里，身体里混合着狼的血液。最终，布克听到荒野的呼唤，回到荒野之中，成为生存斗争中的强者，演绎出由狗到狼的故事。杰克·伦敦在给麦克米兰出版公司的老总乔治·布赖特写的信中，对自己的写作意图做了颇具"黑色幽默"的表述："我将描写一条狗的进化过程，展现它如何发展成为一条拥有驯服、忠诚、爱及道义这些必备的品德及美德的狗的文明过程，而不是写它的退化、背离文明的过程。"杰克·伦敦对布克的回归荒野还说了这样一句意味深长的话："这是一种进化或者说是一种退化？"

杰克·伦敦笔下的布克经历了一个由犬到狼的过程。如果说，由狼到犬是人类文明的杰作，人类将忠诚、顺从赋予野兽之上，彰显人类的高贵和与众不同。那么，由狗到狼，则是源于内心对于野性的呼唤。"文明"有时是一件光鲜的外衣，可以彰显不可一世的存在。同时，也是一道枷锁，它束缚住内心最本质的野性与欲望。在人类的主宰下，狗已经丧失野性，它彻底失去生存的尊严。世界万物，生存为本，而狗却把生的权利交给人类，忠诚还是苟且？遥远的北方草原，一个声音在呼唤，呼唤最初的野性。那是狗的祖先——狼。纵然家园丧失，种群罹难，可是不能失去对自由的向往。人类无论如何对狼，它的心永远向着森林。而杰克·伦敦对于野性的呼唤，挣脱内心的枷锁，回归最初的本性。

《白牙》

与《荒野的呼唤》相反，杰克·伦敦的《白牙》则是由狼变成狗的历程。白牙的母亲杰茜是狗与狼的混血，而白牙的父亲是狼，因此白牙身上狗的成分少，狼的成分多。白牙小时候跟随母亲被带到印第安人灰旱獭的部落，在那里它开始进入人类的世界。在白牙幼小的心里，人类就是神，他们拥有主宰一切的权力。对于白牙，人就是确定不疑、摆脱不掉的神。像母亲杰茜听到别人的呼唤就奉献顺从一样，它也开始投诚献款。它以为服从他们是他们的特权。他们走来，它就让路；他们叫它，它就过去；他们威胁，它就趴下。当然，这并不是说，在一天之内，白牙将自己连身体带灵魂都交给了人。它丢不掉野性的遗产和关于"荒原"的记忆。然而，利·利是它生活中的一条祸根。比它身强力壮年长的利·利特别选中了它作为迫害的对象。白牙乐意打仗，但实力过于悬殊，敌人太强大，利·利成了它的梦魇。白牙设计引诱利·利到母亲的攻击范围，狠狠地教训了这个对手。然而好景不长，由于灰旱獭欠三鹰的债，不得已将白牙的母亲抵了债。白牙由此失去了母亲的庇护。在灰旱獭搬家的过程中，白牙私自出走后，又回到家中。白牙并没有受到惩罚，反而得到恩惠，它对人类有了新的认识。白牙乐意承认他的统治权，那是以优越的智慧和野蛮的暴力为基础的。在白牙的本性中，有种因素使这种统治成为它的需要，否则，它不会从"荒原"上返回来献身投诚。白牙三岁那年，迈肯奇河的印第安人遇到了一次大的饥荒。它碰到了一只年轻的狼，饿得精瘦憔悴，肌肉松弛。如果不饿的话，白牙会跟着它走，最终与它的野生兄弟们为伍结队；但是它饿得要命，于是捉住那只小狼，将它杀死吃掉。白牙快要五岁的时候，灰旱獭带它沿迈肯奇河，过落基山到育空洞。

不久，白牙迎来生命中最黑暗的时刻。美国人史密斯通过计谋从灰旱獭手中买回白牙。白牙被抓走了，进入暗无天日的牢狱生活，史密斯把它作为斗犬和其他狗进行决斗。白牙打败一个又一个对手，最终败给斗牛狗。斗牛狗咬住白牙的脖子，白牙命悬一线。生死关头，威登·司各特从死神手中救回白牙。由于之前白牙受到灰旱獭的两次出卖，和史密斯的虐待，它对人类不再信任，并且咬伤了救命恩人威登·司各特。威登·司各特觉得得用爱和耐心感化白牙。生命的潜力之一，便是"爱"，然而，爱不是在一天之内就产生的，而是从"喜欢"开始，慢慢地发展。白牙虽不再被铁链扣住，但它并不逃走，他喜欢这位新的神——威登·司各特。一个夜晚，史密斯试图偷走白牙，被其咬死，白牙给自己报了仇。后来，威登·司各特将白牙带到旧金山，在那里它学会适应了南方的生活。较之那些不懂别样的生活的狗，它更懂规律，严守纪律；但它身上仍然显现出一种潜在的凶猛，仿佛"荒原"还留在它体内，潜藏在它体内的那只狼不过睡着了而已。不久，白牙杀死了潜入威登·司各特家中并且试图杀害其父亲的歹徒杰穆·霍尔。在搏斗中，白牙身中三枪，只有千分之一的生还可能。不过，它最终活了下来，成功融入人类，由狼成为犬。

爱是一种伟大的力量，它可以超越人与兽的界限而存在。最终，让白牙由狼变成犬、渐渐消除野性、靠的不是人类的凶狠残暴、尔虞我诈，而是内在的爱。爱是一种永恒的力量，它超越暴力、超越权力、超越政治。

《杀不死的黑斑》

杰克·伦敦笔下的黑斑比较讨人喜欢，黑斑这条狗看上去很棒。它个头大，一身毛皮白棕两色相间，很漂亮，尤其是身上还有一大块十分醒目的黑斑，所以叫它黑斑。黑斑很壮实，眼中透着机灵，它是阿拉斯加最壮最聪明的狗。黑斑空有一身力气，却从不使用，它会耍些小聪明，却用不到点子上。

黑斑就像一个恋家的孩子，它吃你的喝你的，但是就是不做家务。你舍不得杀它，只好送人，但是它的心还是系着这个家，总能回到家里。但家庭条件不好时，它偷偷地溜走，去外面自力更生，危机过后，它又回来。

杰克·伦敦在书中写道："黑斑最大的问题是：它不肯干活！当我们第一次给它套辕时便发现了这一点。所有的狗都开始拉，只有黑斑静静地站着。斯蒂夫用鞭子抽它，它还是不动，再抽它，比前一次重一些，可仍然没用！黑斑始终原地不动。这回斯蒂夫大怒，狠狠揍了它，但它仍然纹丝不动。……但你们简直想象不出它的饭量有多大！而且为了弄到吃的，它有多狡猾！我们经常没晚饭吃，为什么呢？因为黑斑吃掉了我们的全部食物。不过，黑斑不仅仅吃我们给它的食物，不管在哪儿，只要有吃的，它都毫不客气。那个冬天，我们真不知花了多少钱买肉、买火腿和其他好吃的东西，而这些东西你们以为是我们吃掉的吗？不，是黑斑吃的。通常它去偷人家的东西吃时总被发现，于是人们便找上门来要我们为这些食物付钱。

"那我们为什么不杀掉黑斑呢？

"于是，我把它领进森林，远离其他的狗。然后我停下来，拿出左轮手枪，但这时我看见了它的眼睛。告诉你们，我感到下不了手。当我望着它盯着我的那双机灵的眼睛时，我就觉得好像要杀死的是一个人一样。它那双眼睛似乎在对我说话：'你恨我，但你不能杀我。'你们知道我干了什么吗？我回去对斯蒂夫说：'我没法杀掉那只狗。'斯蒂夫笑道：'我想我能。'两三天后，他再次将黑斑领进森林。但没多久他又将它领了回来并对我说，他也下不了手。'它有一双如此机灵的眼睛。'斯蒂夫说。"

杰克·伦敦一向以粗犷豪迈著称，对于场景不时出现的血腥意象，以及带有强烈张力的戏剧性情节，总有惊心动魄之感。然而，对于黑斑，他却下不了手，这是一份粗犷中难得的细致与温柔。

《寂静的雪野》

《寂静的雪野》中，充满了生与死的较量，生命与自然的抗衡。杰克·伦敦并没有像在其他小说中一样把北部荒野浪漫化，而是把最狰狞最残酷的一面呈现给读者。怀着对生命的无比热爱就能战胜一切。可是在一片荒原中，他们只能看着一个人的生命渐渐逝去，因为他们无能为力。在那寂静的雪野中，有三个人要赶到一个地方去，可是他们的粮食不够了。而且他们有很多狗来拉雪橇，现在已经没有狗吃的东西了，它们也很饿，但是它们还是尽量配合人，使劲拉着雪橇。

卡门是条雪橇犬，由于在雪野中受了伤，被梅森鞭打。梅森脾气很暴躁，在卡门受伤的时候还用力去鞭打它，那个时候基德却在默默地心疼卡门。他其实很善良，之所以脾气会那么暴躁，是因为他恨透了这个地方。寂静而没有边际的雪野，谁也说不清下一刻会发生什么。食物已经不多，路却还很长。卡门最后在饥寒交迫的情况下被其他狗撕咬吃掉，这便是生存的残酷。梅森死的那一刻，临终时的嘱咐让任何人听了都会感动，他希望他妻子和儿子离开这个鬼地方，回到美国本土过上美好的生活。

面对北方恶劣严酷的自然环境，一群普通人拖着疲惫而顽强的身影，遵循着"弱肉强食"的丛林法则，为了生存而奋力抗争着。而在这条看似主宰一切的自然法则身后，人类对于生活与生命、对于亲人和朋友的爱，才是他们最终成为"超人"并在这场较量中获胜的终极武器。

杰克·伦敦笔下的狗，被赋予尼采倡导的强力意志，勇敢、坚忍善战、有领导才能。杰克·伦敦真实地描绘狗的思想感情，小说中的狗生活在狗吃狗的世界，面对残酷的竞争，生存能力最重要。正如杰克·伦敦所言：

> 我宁愿是燃烧过后的灰烬，也不愿为地上的灰尘；我宁愿让点点星火猛烈燃烧殆尽，也不愿任其干腐；我宁愿做一闪而过的流星，让每一点碎片都擦出火光，也不愿做死寂的恒星；人的职责是生活，而不是存在。我不会浪费时间试图延长寿命。但，我会用尽生命中的每一秒。

参考文献

丁昭莉. 现代家犬的起源——基于Y染色体遗传多样性的研究[D]. 昆明：云南大学,2009.

丁昭莉, Peter S., Mattias C.R.O., 等. 现代家犬的东亚起源——基于Y染色体的研究[A]. 中国遗传学会.中国遗传学会第八次代表大会暨学术讨论会论文摘要汇编（2004-2008）[C]. 2008:322.

李祥红,王孟义. 瑶族盘瓠龙犬图腾文化探究[M]. 北京:民族出版社,2010.

刘清神. 中国沙皮犬的起源、品种分化历程与保护[J]. 广东畜牧兽医科技,2008,33(3):48-50.

罗理杨. 现代家犬的起源[D]. 杨凌:西北农林科技大学,2003.

马兰. 论"犬"的双重文化意蕴[J]. 时代文学月刊,2008(1):41.

数位人犬物语编辑部. 狗狗犬种百科[M]. 沈阳:辽宁科学技术出版社,2008.

苏存友.《诗经》中犬的形象[J]. 中国养犬杂志,2000(2):41-43.

覃彩銮. 壮族古代犬祭初探——广西左江崖壁画动物图像辨释[J]. 贵州民族

研究,1989(3):71-80.

王川. 汉代喜狗风俗[J]. 东南文化,1993(2):119-124.

王利华. 早期中国社会的犬文化[J]. 农业考古,1992,2(3):265-270.

王秀文. 日本"犬"民俗的传承及其文化内涵[J]. 湖北第二师范学院学报,2006,23(12):35-37.

魏书娟. 中国犬文化溯源[J]. 行政科学论坛,2011,25(1):74-75.

魏锁成. 古代的犬文化现象及其对社会生活的影响[J]. 西北民族学院学报(哲学社会科学版),1996(4):50-56.

翁屹,葛威,王昌燧. 家犬起源的DNA分子系统发育研究[J]. 农业考古,2007(1):235-241.

向阳. 狗的起源和进化[J]. 百科知识,2006(1):7-8.

谢成侠. 中国犬种的起源与进化[J]. 科技文萃,1994(1):240-242.

杨贺川,王国栋,王猛,等. 东亚地区家犬群体背景下的松狮起源研究[A]. 中国遗传学会. 遗传多样性:前沿与挑战——中国的遗传学研究(2013-2015)——2015中国遗传学会大会论文摘要汇编[C]. 2015:164.

元伟. 论古代白犬书写的文化内涵——以史志、志怪小说为中心[J]. 北京社会科学, 2017(12):72-82.

张劲硕,赵耀. 狗年浅说犬科动物[J]. 大自然,2006(01):12-14.

张沛心. 汉字中的犬文化研究——以《说文》为例[D]. 宜兰:佛光大学,2005.

张绪山. 狗与人类政治[J]. 炎黄春秋,2015,280(7):157-163.

周长生,侯琳. 狗的起源及进化[J]. 大自然,1994(4):31-33.

Dayan T. Early domesticated dogs of the near east[J]. Journal of Archaeological

Science,1994,21(5):633-640.

Lopez B. Of wolves and men[M]. New York: Simon and Schuster,1978.

Frantz L.A., Mullin V.E., Pionnier-Capitan M., et al. Genomic and archaeological evidence suggest a dual origin of domestic dogs[J]. Science,2016, 352(6290):1228-1231.

Morey D.F. Size, shape and development in the evolution of the domestic dog[J]. Journal of Archaeological Science,1992,19(2):181-204.

Olsen S.J., Olsen J.W. The Chinese wolf, ancestor of new world dogs[J]. Science,1977,197(4303):533-535.

Savolainen P., Zhang Y., Luo J., et al. Genetic evidence for an east asian origin of domestic dogs[J]. Science,2002,298(5598):1610-1613.

Thalmann O., Shapiro B., Cui P., et al. Complete mitochondrial genomes of ancient canids suggest a European origin of domestic dogs[J]. Science,2013,342(6160):871-874.

Vilà C., Savolainen P., Maldonado J.E., et al. Multiple and ancient origins of the domestic dog[J]. Science,1997,276(5319):1687-1689.

Vilà C, Wayne R K. Hybridization between wolves and dogs[J]. Conservation Biology,1999,13(1):195-198.

Wayne R.K., Ostrander E.A. Origin, genetic diversity, and genome structure of the domestic dog[J]. BioEssays,1999,21(3):247-257.

Yilmaz O. Controversies of origin of domestic dog - Ⅲ - references of modern dogs until 2006[J]. Journal of Agriculture and Veterinary Sciences,2017,4(11):484-490.